机电类新技师培养规划教材

模具现代制造技术概论

中国机械工业教育协会
全国职业培训教学工作指导委员会机电专业委员会 组编

李京平 主编

机 械 工 业 出 版 社

本套教材是根据中国机械工业教育协会、全国职业培训教学工作指导委员会机电专业委员会组织制定的技师教学计划和教学大纲编写的。本教材的主要内容包括：概论；模具材料及热处理技术；模具制造工艺与材料成型方式；模具制造及检测技术；模具设计先进技术；模具表面处理技术。

本套教材的教学计划和大纲是依据《国家职业标准》中对技师的要求制定的，内容立足岗位，以必需、够用为度，符合职业教育的特点和规律。本教材配有教学计划和大纲、电子教案，部分教材还有多媒体课件和习题及其解答，可供高级技校、技师学院、高等职业院校等教育培训机构使用。

图书在版编目(CIP)数据

模具现代制造技术概论/李京平主编. —北京：机械工业出版社，2008.4(2013.9重印)

机电类新技师培养规划教材

ISBN 978-7-111-23677-1

Ⅰ.模… Ⅱ.李… Ⅲ.模具—制造—技术培训—教材 Ⅳ.TG76

中国版本图书馆CIP数据核字(2008)第030949号

机械工业出版社(北京市百万庄大街22号 邮政编码100037)

策划编辑：王英杰、邓振飞

责任编辑：赵磊磊 责任校对：袁凤霞

封面设计：王伟光 责任印制：乔 宇

北京铭成印刷有限公司印刷

2013年9月第1版第3次印刷

184mm×260mm·9印张·218千字

标准书号：ISBN 978-7-111-23677-1

6001—8000册

定价：16.00元

机电类新技师培养规划教材
编审委员会

本书主编　李京平

本书参编　焦红卫　张玉梅

本书主审　石　琳

前　言

随着全球知识经济的快速发展，我国工业化建设也呈现迅猛发展之势，因而技术工人十分缺乏。为了顺应形势的发展要求，我国出台了一系列大力发展职业教育的政策：劳动和社会保障部颁布了最新《国家职业标准》，继续实行职业准入制度，并将国家职业资格由三级(初、中、高)改为五级(初、中、高、技师、高级技师)，对技术工人的工作内容、技能要求和相关知识进行了重新界定。教育部根据国务院“大力开展职业教育”的精神进行了职业教育的改革，高职学院、中职学校相应地改制、扩招，以培养更多的技术工人。

经过几年的努力，技术工人在数量上的矛盾在一定程度上得到缓解，但在结构比例上的矛盾突显出来。高级工、技师、高级技师等高技能人才在技术工人中的比重远远低于发达国家，而且他们年龄普遍偏大，文化程度偏低，学习高新技能比较困难。为打破这一局面，加快数量充足、结构合理、素质优良的技术技能型、复合技能型和知识技能型高技能人才的培养，劳动和社会保障部提出的“新技师培养带动计划”，即在完成“3年50万”新技师培养计划的基础上，力争“十一五”期间在全国培养技师和高级技师190万名，培养高级技工700万名，使我国从“世界制造业大国”逐步转变为“世界制造业强国”。为此，劳动和社会保障部决定：除在企业中培养和评聘技师外，要探索出一条在技师学院中培养技师的道路来。中国机械工业教育协会和全国职业培训教学工作指导委员会经研究决定，制定机电行业的技师培养方案。

在上述原则的指导下，中国机械工业教育协会和全国职业培训教学工作指导委员会机电专业委员会组织30多所高级技校、技师学院和企业培训中心等单位，经过广泛的调研论证，决定首批选定五个工种(职业)——模具工、机修钳工、电气维修工、焊工、数控机床操作工作为在技师学院培养技师的试点。对学制、培养目标、教学原则、专业设置、教学计划、教学大纲、课程设置、学时安排、教材定位、编写方式等，参照《国家职业标准》中相关工种对技师和高级技师的要求，结合各校、各地区企业的实际，经过历时三年的充分论证，完成了教学计划和教学大纲的制定和审定工作，并明确了教材编写的思想。

使用本套“机电类新技师培养规划教材”在技师学院培养技师，招收的学员必须符合的条件是：已取得高级职业资格(国家职业资格三级)的高级技校的毕业生，或具有高级职业资格证书的本职业或相近职业的人员。本套教材的编写充分体现“教、学、做”合一的职教办学原则，其特点如下：

(1) 教材内容新，贴合岗位实际，满足职业鉴定要求。当今国际经济大格局的进程加快了各类型企业的先进加工技术、先进设备和新材料的使用，作为技师必须适应这种要求，教材中也相应增加了新知识、新技术、新工艺、新设备等方面的内容。另外，教材的内容以《国家职业标准》中对技师和高级技师的知识技能要求为基础，设置的实训项目或实例从岗位的实际需要出发，是生产实践中的综合性、典型性的技术问题，既最大限度地体现学以致用的目的，又满足学生毕业考工取得职业资格证书的需要。

(2) 针对每个工种(职业)，均编写一本《相关工种技能训练》。随着全球化进程的加快，我国的生产力发展水平和职业资格体系应与国际相适应，因此，技师应该是具有高超操作技能的复合型人才。例如，模具工技师不应仅是模具工方面的行家里手，还应懂得车、铣、数控、磨、刨、镗和线切割、电火花等加工，以适应现代制造业的发展趋势，故此《相关工种技能训练(模具工)》中，就包含上述内容。其他工种与此类似。

(3) 理论和技能有机结合。劳动和社会保障部颁布的“新技师培养带动计划”中明确指出“建立校企合作培养高技能人才”的制度，现在许多技师学院从企业中聘请具有丰富实践经验的工程技术人员作为技能课教师，各专题理论与实践融合在一起的编写方式，更适于这种教学制度。

(4) 单独编写了两本公共课教材——《实用数学》和《应用文写作》。新时代对技师的要求不仅是技术技能型人才，还应是知识技能型甚至是复合技能型的高技能人才，有一定的数学理论基础和写作能力是新技师必备的素质。《实用数学》运用微积分知识分析解决生产中的实际问题，少推理，重应用；《应用文写作》除介绍普通事务文书、经济文书、法律文书、日常事务文书的写法外，还教授科技文书的写法，其中科技论文的写法对于技师论文的写作会有很大裨益。

(5) 本套教材配有电子教案。电子教案包括教学计划、教学大纲、每章的培训目标、内容简介、重点难点，教师上课的板书，本章小结、配套习题及答案等。

(6) 练习题是国家题库及各地鉴定考题的综合归纳和提升。

本套教材的编写得到了各技师学院、高级技工学校领导的高度重视和大力支持，编写人员都是职业教育教学一线的优秀教师，保障了这套教材的质量。在此，对为这套教材出版给予帮助和支持的所有学校、领导、老师表示衷心的感谢！

本书由李京平统稿并任主编，焦红卫、张玉梅参加编写，石琳任主审。

由于编写时间和编者水平所限，书中难免存在不足或错误，敬请广大读者不吝赐教！

中国机械工业教育协会

全国职业培训教学工作指导委员会

机电专业委员会

目录

前言

第一章　概论 …… 1

第一节　制造业与模具制造 …… 1

一、制造业与先进制造技术 …… 1

二、模具制造的基本要求 …… 1

三、加强模具制造企业竞争力的六要素 …… 2

第二节　模具工业发展概况 …… 3

一、发展模具工业的重要性 …… 3

二、我国模具工业的现状 …… 4

第三节　国内、外模具工业发展趋势 …… 7

一、国内模具工业的发展趋势 …… 7

二、国外模具工业的发展动态 …… 10

三、国内、外模具技术发展的主要差距 …… 12

第四节　模具标准及发展 …… 14

一、模具标准的发展体系 …… 14

二、我国模具标准化的基本概况 …… 18

三、模具标准件的应用 …… 20

复习思考题 …… 24

第二章　模具材料及热处理技术 …… 25

第一节　常用的模具材料及其选用 …… 25

一、冷作模具钢 …… 25

二、热作模具钢 …… 25

三、塑料模具钢 …… 29

第二节　我国模具材料的发展 …… 30

一、冷作模具钢的发展 …… 31

二、热作模具钢的发展 …… 32

三、塑料模具钢的发展 …… 34

四、我国模具材料发展展望 …… 35

第三节　模具材料的热处理 …… 36

一、模具材料的热处理对模具性能的影响 …… 36

二、模具的真空热处理技术 …… 36

三、模具的表面处理技术 …… 37

四、模具材料的预硬化技术 …… 37

五、扩散法金属碳化物覆层技术 …… 38

复习思考题 …… 38

第三章　模具制造工艺与材料成型方式 …… 39

第一节　气辅成型技术 …… 39

一、气辅成型原理 …… 39

二、气辅成型技术的特点 …… 39

三、气辅模具的设计原则 …… 40

四、产品设计的原则 …… 41

第二节　热流道技术 …… 41

一、热流道注塑模具的特点 …… 41

二、热流道系统的组成 …… 42

三、热流道技术的发展现状 …… 43

四、热流道技术的结构设计 …… 44

第三节　低熔点合金制模技术 …… 45

一、低熔点合金在快速成型制模领域中的应用 …… 45

二、低熔点合金在快速原型 RP 领域中的应用 …… 46

第四节　粉末合金与陶瓷成型技术 …… 47

一、粉末合金及陶瓷成型过程 …… 47

二、原材料加工 …… 47

三、粉末合金及陶瓷成型技术的新发展 …… 49

第五节　电磁成型技术 …… 51

一、电磁成型的基本原理 …… 51

二、电磁成型加工的基本方法和特点 …… 51

复习思考题 …… 53

第四章　模具制造及检测技术 …… 54

第一节　模具数控机械加工技术 …… 54

一、模具制造与数控加工技术 …… 54

二、数控车削 …… 56

三、数控铣削 …… 58

四、加工中心 …… 62

五、数控磨削 …… 66

第二节 模具数控电加工技术 …… 68
一、数控电火花成形加工 …… 68
二、数控电火花线切割 …… 71
第三节 模具高速加工技术 …… 72
一、高速加工概述 …… 72
二、高速加工在模具制造中的应用 …… 75
三、我国高速加工技术与国外的差距 …… 80
四、高速加工技术的发展趋势 …… 81
第四节 快速成型技术 …… 82
一、快速成型技术的基本原理与特点 …… 82
二、快速成型技术的典型方法 …… 83
三、快速制造在模具制造中的应用 …… 87
第五节 虚拟制造技术 …… 88
一、虚拟制造技术简介 …… 88
二、虚拟制造技术在模具制造中的应用 …… 90
第六节 三维测量技术 …… 92
一、三坐标测量技术概述 …… 93
二、三坐标测量技术分类 …… 93
三、三坐标测量机的组成 …… 95
四、三坐标测量机的应用 …… 97
五、三坐标测量机的环境要求和误差分析 …… 98
六、三坐标测量技术的发展趋势 …… 99
复习思考题 …… 100
第五章 模具设计先进技术 …… 101
第一节 计算机辅助设计 …… 101
一、计算机辅助设计简介 …… 101
二、计算机辅助设计在现代模具设计中的应用 …… 104
第二节 反求工程 …… 106
一、反求工程简介 …… 106
二、反求工程在模具制造中的应用 …… 109
第三节 人机工程 …… 110
一、人机工程简介 …… 110
二、人机工程在模具制造中的应用 …… 113
第四节 并行工程 …… 116
一、并行工程简介 …… 116
二、并行工程在模具开发中的应用 …… 118
复习思考题 …… 120
第六章 模具的表面处理技术 …… 121
第一节 模具的表面光整加工技术 …… 121
一、表面光整加工技术的分类 …… 121
二、表面光整加工技术的应用 …… 122
第二节 模具的表面强化技术 …… 126
一、热喷涂技术 …… 126
二、气相沉积技术 …… 127
三、高能表面强化处理技术 …… 128
四、化学镀技术 …… 129
五、稀土元素表面强化技术 …… 129
六、复合表面强化技术 …… 129
第三节 模具表面喷丸强化工艺 …… 130
一、机械喷丸 …… 130
二、激光喷丸 …… 131
复习思考题 …… 132
附录 …… 133
附录 A 部分新型模具钢钢号、代号一览表 …… 133
附录 B 我国与其他工业国家常用模具钢钢号对照表 …… 134
参考文献 …… 135

第一章　概　论

本章应知

1. 了解我国模具技术发展的现状、发展动态以及与国外的差距。
2. 认识模具标准件的重要意义，掌握模具标准件的选用和分类方法。
3. 了解模具制造技术的发展概况。
4. 掌握模具制造的基本要求。

本章应会

1. 掌握国内外模具的制造精度要求以及在冷冲模、塑料模和主要模具上的应用。
2. 掌握我国模具分类体系及方法。

第一节　制造业与模具制造

一、制造业与先进制造技术

1）随着 CAD/CAM 技术的发展，借助 Internet/Intranet，制造业信息化进程正在促进制造业及先进制造技术的应用和发展。

2）制造业是国民经济的基础，所有将原材料转化为物质产品的行业都可以称为制造业，它涵盖了除采掘业和建筑业等以外的第二产业。

3）制造技术是将原材料有效地转变成产品的技术的总称，是制造业赖以生存和发展的技术基础。

4）先进制造技术是制造业不断地吸收机械、电子、信息、能源及现代管理等方面的成果，并将其综合应用于产品设计、制造、检测、管理和售后服务的制造全过程，是实现优质、高效、低耗、清洁和灵活生产，并取得理想技术和经济效果的制造技术的总称。从本质上看，“信息技术” + “传统制造技术的发展” + “现代管理技术” = “先进制造技术”。

先进制造技术是一个国家、一个民族得以繁荣昌盛的重要基础。发展先进制造技术是每个国家的目标，是国家利益的体现。制造技术是提高国家工业素质的重要保证。

二、模具制造的基本要求

模具是制造业的重要工艺装备。在我国，模具制造属于专用设备制造业，模具是制造业中使用量大、影响面广的工具产品。没有型腔模、压铸模、铸模、拉深模和冲压模，就无法生产出被广泛应用和具有竞争价格的塑料件、合金压铸件、钢板件和锻件等产品。在现代大批量自动化生产中，没有高水平的模具，就没有高质量的产品，模具的先进程度对企业提高生产效率、降低生产成本有重要的作用。据国外最新统计分析，中小型金属零件粗加工的75%、精加工的50%和塑料零件加工的90%是用模具完成的，因此，模具工业被称为“朝阳产业”。制造模具时，不但要有合理、正确的模具设计，还必须有高效、高质量的模具制造技术作为保证，一般应满足以下几个基本要求：

1. 制造精度高

为了生产合格的产品并能充分发挥模具的效能，就要求模具的设计与制造必须具有较高的精度。模具的精度要求取决于用模具成形的制品精度要求和模具的结构设计要求。为了保证制品的精度和质量，模具与制品成形有关的零件精度通常要比制品精度高 2 ~3 级。另外，要保证模具的结构合理、模具开合模动作准确等精度要求，则必须要求组成模具的零件都必须有足够的制造精度。

2. 使用寿命长

模具制造费用占产品成本的 20%~30%，其使用寿命的长短直接影响到产品成本的高低。正因为如此，除了小批量生产和新产品试制等特殊情况外，一般都要求模具具有较长的使用寿命。在大批量生产的情况下，模具的使用寿命更加重要。

3. 制造周期短

为了满足生产的需要和提高产品的竞争力，必须在保证质量的前提下尽量缩短模具的制造周期。模具制造周期的长短主要取决于模具制造企业的制造技术和生产管理水平的高低。

4. 制造成本低

模具成本与模具结构的复杂程度、模具材料、制造精度要求、加工手段及加工方法等有关。模具技术人员必须根据制品要求合理设计模具和制订其加工工艺，努力降低模具制造成本。

上述四项要求是相互关联、相互影响的，片面追求高精度和长寿命必然会导致模具制造成本的增加。反之，只顾降低成本和缩短制造周期而忽视模具精度和使用寿命的做法也是不可取的。在设计与制造模具时，应根据实际情况综合考虑，即要在保证制品质量的前提下，选择与制品生产量相适应的模具结构和制造方法，使模具成本降到最低限度。

三、加强模具制造企业竞争力的六要素

模具制造业的发展对模具企业不断提出新的要求，模具制造企业为了生存和发展必须不断提高企业的竞争力。一个企业的竞争力可以包含许多方面，但归根结底都反映在企业的产品和服务对市场的适应程度方面。目前，用户或市场对产品的要求可以归纳为以下六个方面，即交货期短、质量优良、价格低廉、服务优质、环境清洁，以及进入 21 世纪增加的知识创新，以上六点称为制造企业竞争力的六要素。

（1）交货期短　产品上市速度快慢，对产品的市场占有率影响很大。

（2）质量优良　产品的质量已经成为企业生存的命脉，它不仅包括产品的设计质量，还包括产品的制造质量和包装质量等。

（3）价格低廉　用户购买产品所要考虑的主要因素是产品价格的高低。在不降低产品质量的前提下，努力降低产品价格，是吸引用户、占领市场的有效手段。降低产品价格一般有降低产品成本和降低产品利润两条途径，前者是主要手段。

（4）服务优质　产品服务质量的好坏已成为当前市场竞争的关键因素之一。服务质量包含多方面，如广告宣传、用户咨询、产品现场演示、产品安装与调试、人员培训、技术支持、产品维修、产品报废回收等。

（5）环境清洁　造成全球环境污染排放物的 70% 以上来自制造业。制造业每年产生约 55 亿吨无害废物和 7 亿吨有害废物，报废产品的数量则更是惊人，整个人类的生存环境面临日益增长的产品废弃物的压力以及资源日益匮乏的问题。

目前，发达国家正通过开发新工艺和改进旧工艺，同时发展绿色设计和绿色制造技术，建立“生态工厂”，实行“绿色”产品标志许可制度和废弃物污染记账制度等措施，将制造过程中产生的废弃物减量化、资源化、无害化，从而使制造业生产从能耗物耗高、公害大的时代进入到一个能源和原材料利用率高、产生的“三废”少、废弃物可回收再利用并向环境排放无毒无害物质的清洁化制造时代。

(6) 知识创新 当今世界已步入信息时代，并迈向知识经济时代，知识及科技含量在产品中所占的比重越来越大。制造企业如不能适应时代发展的知识创新机制，将很难适应先进生产力的发展和要求。

第二节 模具工业发展概况

一、发展模具工业的重要性

1）模具是工业生产的重要工艺装备，模具工业是国民基础工业。作为工业生产基础工艺装备的模具，以其生产制件所表现的高精度、高复杂程度、高一致性、高生产效率和低耗能耗材等优势，越来越引起工业生产各部门的重视。日、美等工业发达国家模具的产值早已超过了机床工业的产值。2006 年，在高档模具大量进口的条件下，我国模具工业产值仍超过 600 亿元。目前，模具技术已成为衡量一个国家产品制造水平的重要标志之一。

2）模具工业在国民经济中占有十分重要的地位。众所周知，在 1989 年国务院颁布的《关于当前产业政策要点的决定》中，把模具列为机械工业技术改造序列的第一位，生产和基本建设序列的第二位。在 1997 年国家计委发布的《当前国家重点鼓励发展的产业、产品和技术目录》中，机械、汽车行业中有先进设计、制造技术及设备和汽车模具。而与模具直接有关的项目更有精密成形技术及设备、机械产品开发用先进计算机硬件技术及设备、机械产品开发用先进试验及检测技术和设备、电子式降压电器、汽车车身和车身附件、汽车关键零部件、汽车重要部件的精密锻造、黑色铸造、有色铸造及毛坯、汽车电子产品等，从而确立了模具工业在国民经济中的重要地位。

3）模具工业已成为高新技术产业的重要内容。模具工业直接为高新技术产业化服务，模具工业本身又大量采用高新技术，成为高新技术产业的重要内容，如 CAD/CAE/CAM，各类先进制造技术及装备如电加工、高速铣、快速成形，以及各类新材料在模具制造中的应用等。

4）模具工业的发展，充分体现了国家可持续发展的战略。模具加工是精密成形工艺的一种，以塑代钢、以塑代木，具有低耗能和省材料等特点，充分体现了国家可持续发展的战略。

5）模具工业是无与伦比的效益放大器，这不仅体现在模具所形成的最终商品的产值是模具自身产值的几十倍、上百倍，甚至成千上万倍，更体现在高附加值的产品离不开高水平的模具，因此模具工业有巨大的技术经济效益。据估计：每 1 亿元的模具产值将带动 10 亿元的其他产业。

6）模具工业的发展将使中小企业获得良性发展。知识经济时代是中小企业空前活跃和迅猛发展的时代，而模具工业的发展是与此相关的中小企业获得良性发展的一个必要条件，民营企业的发展就是一个极具说服力的例证。国家提出的“抓大放小”发展中小企业的政策，也为模具工业的发展提供了历史机遇。同时模具工业自身也是以中小企业为主，并适合多种所有制共同发展。

7）模具工业的发展将有利于出口和提高我国制造业的国际竞争力。在进一步扩大开放的过程中，外资或中外合资模具企业的发展，将有利于出口和提高我国制造业的国际竞争力。

二、我国模具工业的现状

1. 我国模具工业的基本情况

我国虽然很早就开始制造模具和使用模具，但长期未形成产业。直到20世纪80年代后期，我国模具工业才驶入发展的快车道。近几年，不仅国有模具企业有了很大发展，三资企业、乡镇(个体)模具企业的发展也相当迅速。据不完全统计，全国大小模具厂约有2万多家，从业人员约100万。1995—2004年全国(未含港、澳、台地区的统计数字)模具生产及进出口发展情况见表1-1和表1-2。

表1-1　1995—2004年全国历年模具产值表

年　份	1995	1996	1997	1998	1999	2000	2001	2002	2003	2004
产值/亿元人民币	145	160	200	220	250	280	316	360	450	530

表1-2　1995—2004年全国历年模具进出口情况表

年　份	1995	1996	1997	1998	1999	2000	2001	2002	2003	2004
进口/万美元	61100	91799	63000	66348	88274	97700	111174	127200	136930	181300
出口/万美元	4941	7000	9428	9591	13280	17374	18775	25234	33680	49100

由此可见，虽然我国模具工业发展迅速，但与需求相比，显然还处于供不应求的状态，其主要缺口集中于精密、大型、复杂、长寿命模具领域。由于在模具精度、寿命、制造周期及生产能力等方面，我国与国际平均水平以及发达国家还有较大差距，故每年仍需要大量进口模具。

2. 国内模具制造水平现状

近几年来，我国模具技术有了很大发展，模具制造水平有了显著提高。大型、精密、复杂、高效和长寿命模具的质量又上了新台阶，以汽车覆盖件模具为代表的大型复杂冲模为例，我国主要的汽车模具企业已能生产大部分轿车覆盖件模具。体现高水平制造技术的级进模的覆盖面大增，已从电视、电器芯片模具扩大到接插件、电子枪零件、空调器散热片等家电零件模具上；塑料模方面，我国已能生产大屏幕彩电塑壳模具、大容量洗衣机全套塑料模具及汽车保险杠和整体仪表板模具等。塑料模热流道技术、气体辅助注射技术日臻成熟；在压铸模方面，我国已能生产自动扶梯压铸模及汽车后桥齿轮箱压铸模等大型、复杂压铸模。模具质量、模具寿命明显提高，模具交货期也较以前大幅缩短。

模具CAD/CAM/CAE技术得到相当广泛地应用，并且在国内已开发出了具有自主版权的模具CAD/CAM/CAE软件。电加工、数控加工在模具制造技术发展中发挥了重要作用。模具加工机床的品种增多，水平明显提高。快速经济制模技术得到了进一步发展，这一领域的高新技术——快速原型制造技术(RPM)进展很快，目前国内有多家已自行开发出达到国际水平的相关设备。模具标准件应用更加广泛，品种也有所扩展。模具材料方面，由于对模具寿命的重视，优质模具钢的应用有了较大进展。正是由于模具行业的技术进步，使模具制造水平得以提高，模具国产化取得了可喜的成就，近年来进口模具不断增长的势头有所抑制，模具出口量稳步增长。

（1）冲模　冲模正向大型、精密、复杂、长寿命模具发展。标志着冲模技术先进水平的级进模和多功能模具是我国重点发展的精密模具品种。其中，有代表性的是大型冷库散热片级进模，模具外形尺寸为2200mm×1400mm×500mm，模具质量约为5t，模具加工采用先进的精密数控设备，制造精度达到2μm，零件易损件可互换，模具寿命为2亿次以上，制造周期仅为90天。

大型冲模以汽车覆盖件模具为代表，目前我国已能生产部分轿车覆盖件模具，但在制造质量、精度、制造周期和成本方面，与国外相比还存在一定的差距。

在一般冲模方面，已实现系列化、标准化和专业化生产，并可确保质量稳定，同时模具费用也降低了30%~50%，交货周期为7~20天，在适应市场经济方面迈出了可喜的一步。

（2）塑料模　塑料模是应用最广泛的一类模具。近年来，我国塑料模制造水平上了一个新的台阶。目前，模具零件的制造精度达到了微米级，并开始采用五轴联动的高速铣床，确保了塑料制品的光学特性。模具零件的整体淬火大大提高了模具寿命。

随着塑料制品的多样化，结构也越来越复杂，这给塑料的结构设计和制造带来很大困难。多点热流道程序控制技术、气体辅助注射成型技术、塑料流动分析(CAE)等均已得到了广泛应用。在高效多色注射技术的应用和抽芯脱模机械的创新设计方面，也取得较大进展。在精度方面，塑件的尺寸精度可达到0.005mm，成型制品表面平面度误差可达0.01mm。注射、压缩二次成型的新型成型技术已在大型模具上运用，不仅大大免除了热流道费用，而且还可消除常见的熔痕，提高了制品的质量，是一种值得推广的成型技术。

（3）压铸模　近几年我国压铸模制造业发展迅速，无论在品种、产量、复杂程度、综合设计水平、模具大型化，还是企业的工装设备、加工和检测手段等方面均有很大的提高。

首先在普遍实现CAD/CAM的基础上，通过CAE后确定流道、溢流、冷却及排气系统的设计方案，较好地处理了投影面大的压铸件变形量控制的问题。目前模具制造前的CAE分析越来越受到重视。

其次是特大型复杂压铸模结束了我国长期必须依赖进口的局面。其中有代表性的是我国已能设计制造模具质量在20~40t的飞轮壳以及九规格嵌拼式电梯梯级等模具，它们都是在30000kN以上压铸机使用的特大型模具，其制造质量可与进口的模具一较高下。

随着压铸模生产的发展，我国现已能生产汽车发动机缸罩、盖板、变速器壳体和摩托车发动机缸体、齿轮箱壳体、制动器、轮毂等铝合金压铸件模具以及自动扶梯大型梯级压铸模等复杂模具，压铸模生产的技术水平有所提高，使汽车、摩托车上配套的铝合金压铸模已大部分实现了国产化，压铸模总体水平有了较大提高。压铸模制造精度可达0.02~0.05mm（国外为0.01~0.03mm）；型腔表面粗糙度为R_a0.4~0.20μm（国外为R_a0.02~0.01μm）；中小型模具的制造周期为3~4个月，中等复杂的为4~8个月，大型的为8~12个月；模具寿命个别可超过10万次，国外可达8~15万次或以上；国内模具价格约为进口价格的1/4~1/3。

（4）汽车覆盖件模具　汽车覆盖件涉及轿车和商用车，目前轿车外覆盖件明显增加，涵盖了轿车的左右前翼子板、整体侧围、“三盖”(发动机盖内外板、顶盖、行李箱盖内外板)、四门(左右前后门内外板)、大型复杂地板等主要覆盖件。轿车覆盖件模具中最难做的是整体侧围和前翼子板模具，其次是“四门”、“三盖”模具的制造。在汽车覆盖件模具制造中，有代表性的是某款轿车整体侧围拉深模的制造，它采用了特殊结构，即外压料完全靠压床下气垫实现，门口内压料则要采用氮气弹簧加压床下气垫的结构实现，不仅满足了内外压料分别调整的需求，实现了用传统的机构很难实现的运动，还在单动压床上完成过去三次拉深才能完成的工作。

又如东风汽车公司冲模厂，已设计制造了富康轿车部分内覆盖件模具，一汽模具中心生产了捷达王轿车外覆盖件模具。轿车覆盖件模具具有设计和制造难度大、质量和精度要求高的特点，可体现覆盖件模具的设计和制造水平，在设计制造方法、手段方面已基本达到了国际水平，模具结构和功能方面也接近国际水平，在轿车模具国产化进程中前进了一大步。

3DCAD 技术在汽车覆盖件制造中取得重大突破，将 3DDL 图直接用于有限元分析(FEA)和编程，为模具结构的三维实体设计提供了工作型面曲面造型依据，为检查用的 C/P 点、S 面等提供了坐标尺寸，由此把过去分散在各个信息孤岛的 CAD、CAE、CAM 连成一片，实现了一体化，为模具全程数字化制造提供了技术基础。

(5) 快速经济制模技术　快速经济制模技术与传统的机械加工方法相比，具有模具制造周期短、制造成本低、综合经济效益好等突出优点，目前快速经济制模技术已在我国得到了越来越广泛的应用。快速原型制造(RPM)技术是一种集 CAD、CAM、激光及材料科学于一体的新技术，是当前最先进的零件及模具的成形方法之一，近年来这种技术在我国发展很快。由快速成形机得到的三维原型，通过陶瓷精铸、电弧喷涂、消失模、熔模等技术可快速制造出各种模具。

该技术在我国已进入了国产化开发和重点推广应用阶段。例如：树脂冲压模具技术为我国轿车试制和小批量生产开辟了一条途径，属国内首创，可达国际先进水平；又如：电弧喷涂成形模具技术在汽车转向盘、摩托车坐垫等模具制造方面取得较好效果，其样模表面复印精度达 0.5μm，仿真效果好，已先后在吹塑模具、吸塑模、PVC 注射模、PV 发泡模、汽车内饰件模、TPR 模等方面得到应用。聚氨酯成形模具寿命为 10 万件，真空成形模具为 4 万件，吹塑模具为 3 万件，聚乙烯注射件为 3000 件。一般有样模时，3 天内即可完成。

其他快速经济制模技术，如塑料成型模具技术、低熔点合金和锌合金制模技术、快速电铸制模技术等，在我国也得到不同程度的应用。

(6) 模具标准件　模具标准件对缩短模具制造周期、提高质量、降低成本等方面能起很大的作用，模具标准件主要有冷冲模架、塑料模架、推杆、顶杆和弹簧等。新型弹性元件弹簧亦在推广应用中。目前我国模具标准化程度一般在 30% 以下，和工业发达国家已达到的 70%~80% 相比，仍有很大差距。

(7) 模具材料与热处理　模具材料的质量、性能、品种以及供货是否及时，对模具的质量和使用寿命以及经济效益有着直接的影响。目前被大量使用的模具材料为模具钢，它的年消耗量在几十万吨以上。近年来，国内一些模具钢生产企业已相继建成和引进了一些先进的工艺设备，使国内模具钢品种规格的不合理状况有所改善，模具钢质量也有较大程度的提高。但总的来说，我国模具钢生产工艺装备仍较落后，电炉生产的模具钢数量仍占绝大部分，与工业发达国家相比，质量仍较差，且不稳定，如国产高合金冷作模具钢共晶碳化物级别高0.5~1.0级，5CrNiMo模块淬透性、等向性偏低等。

近年来，国内已较广泛地采用一些新钢种，如冷作模具钢D2、D3、A1、A2、LD、65Nb等，热作模具钢H10、H13、H21、4Cr5MoSiV1、45Cr2NiMoVSi等，塑料模具钢P20、3Cr2Mo、PMS、SMI、SMIIT等。但这些新钢种的总体使用量仍然较少，大量使用的仍是一些性能较差的老钢种，如冷作模具钢Cr12、Cr12MoV、CrWMn等，热作模具钢5CrNiMo、5CrMnMo、3Cr2W8V，塑料模具钢45钢等。另外，新钢种的供应渠道较前有所改善，但国产模具钢仍存在钢种不全、不成系列等问题，多品种、精料化、制品化等方面尚待解决。

模具热处理是关系到能否充分保证模具钢性能的关键环节。国内大部分企业在模具淬火时仍采用盐熔炉或电炉加热。由于模具热处理工艺执行不严，处理质量不高而且不稳定，直接影响了模具的使用寿命和质量。近年来，国内的真空热处理炉有了很大发展，目前正在推广使用中。

（8）模具制造的相关技术　模具制造的相关技术与工艺的发展对模具水平的提高起到了重要作用。

1）模具抛光技术正逐渐引起人们的重视，机械打磨抛光、超声波抛光、电化学抛光及上述几种方法的复合抛光等已开发出专用机械、专用工具，并得到较广泛的应用。挤压珩磨抛光已有应用，但范围较小。大型高效的抛光专用设备仍有待开发。

2）模具花纹的蚀刻技术和工艺水平提高较快，目前国内已能制作各类模具的装饰纹，仿真性也越来越好。

3）模具强化技术正在进一步发展。除原来已推广的电火花强化机外，又开发了电刷镀强化设备。

4）模具修复技术也有了进步。除电刷镀修复模具外，又引进和开发了多种脉冲焊接机，修复效果较好。

第三节　国内、外模具工业发展趋势

一、国内模具工业的发展趋势

当前，我国工业生产的特点是产品品种多、更新快和市场竞争激烈。在这种情况下，用户对模具制造的要求是交货期短、精度高、质量好、价格低。为此，模具技术的发展应该与这些要求相适应。

1. 在模具设计制造中将全面推广CAD/CAM/CAE技术

模具CAD/CAM/CAE技术是模具技术发展的一个里程碑。实践证明，模具CAD/CAM/CAE技术是模具设计制造的发展方向。随着微机软件的发展和进步，全面普及CAD/CAM/CAE技术的条件已基本成熟，技术培训工作也日趋简化。在普及推广模具CAD/CAM技术的过程中，应抓住机遇，重点扶持国产模具软件的开发和应用，加大技术培训和技术服务的力度，进一步扩大CAE技术的应用范围。有条件的企业应积极做好模具CAD/CAM技术的深化应用工作，即开展企业信息化工程，可按CAPP→PDM→CIMS→VR的方向，逐步深化和提高。用于模具设计制造的计算机软件，将向智能化、集成化方向发展。

2. 快速原型制造(RPM)及相关技术将得到更好的发展

快速原型制造(RPM)技术是美国首先推出的，被公认为是继NC技术之后的又一次技术革命。RPM 技术可直接或间接用于模具制造。这种方法制模具有技术先进、成本较低、设计制造周期短、精度适中等特点，从模具的概念设计到制造完成，仅是传统加工方法所需时间的 1/3 和成本的 1/4 左右。RPM 技术还可以解决石墨电极在压力振动成形法中母模制造困难的问题。因此，快速制模技术与快速原型制造技术的结合，将是传统快速制模技术进一步深入发展的方向。用 RPM 技术制造出原型或者实物，再使用旋转铸造(用热硬化橡胶做模具)，可快速、低成本地制造小批量零件，发展前景很好。

3. 高速铣削加工将得到更广泛的应用

国外近年来发展的高速铣削加工，主轴转速可达 40000 ~ 160000r/min，快速进给速度可达到 30 ~ 60m/min，加速度可达 1 个重力加速度，换刀时间可提高到 1 ~ 2s。高速加工不仅大幅度提高了加工效率，而且可获得 $R_a < 1\mu m$ 的加工表面粗糙度。另外，还可加工硬度达 60HRC 的模块，形成对电火花成形加工的挑战。高速切削加工与传统切削加工相比还具有温升低(加工工件约升高 3℃)、热变形小等优点。

目前高速铣削加工向更高的敏捷化、智能化、集成化方向发展。当然，高速铣削必须与相应的软件、加工工艺、刀具及其夹紧头相配合。高速铣削加工技术的发展，促进了模具加工技术的发展，特别是为汽车、家电行业中大型型腔模具的制造注入了新的活力。

4. 模具高速扫描及数字化系统将在逆向工程中发挥更大作用

高速扫描机和模具扫描系统提供了从模型或实物扫描到加工出期望的模型所需的诸多功能，大大缩短了模具的研制周期。目前，该系统已在我国 200 多家模具厂中得到应用，并取得良好效果。有些快速扫描系统，可安装在已有的数控铣床及加工中心上，用雷尼绍的 SP2-1 扫描测头实现快速数据采集，采集的数据通过软件可自动生成各种不同数控系统的加工程序以及不同格式的 CAD 数据，用于模具制造业的逆向工程。高速扫描机扫描速度最高可达 3m/min，大大缩短了模具制造周期。

由于模具扫描系统已在汽车、摩托车、家电等行业得到成功应用，在“十一五”期间将发挥更大的作用。逆向工程和并行工程也将在今后的模具生产中发挥越来越重要的作用。

5. 电火花加工技术的新发展

(1) 电火花铣削加工技术　也称为电火花创成加工技术，这是一种取代传统的用成形电极加工型腔的新技术，它是用高速旋转的简单的管状电极作三维或二维轮廓加工(像数控铣一样)，因此不再需要制造复杂的成型电极，这显然是电火花成形加工领域的重大发展。

(2) 电火花套料加工技术　电火花套料加工的基本原理与一般的电火花成形加工和电火花线切割加工的原理一样，都是基于电极间脉冲放电时的电火花腐蚀原理。所不同的是：电火花套料加工所要求的电极与电火花成形加工的加工电极不太相同，电火花套料加工所用的电极一般采用纯铜管或纯铜丝弯成相应的形状，或采用其他形状纯铜坯料加工成所需的形状，它比电火花成形加工的电极更加节省材料，还可以做出比成形加工电极更复杂的异形电极。目前，电火花套料加工有两种套料的方法，一个是采用管状电极套料加工，另一个是采用线框电极套料加工，它具有高效、高速和省材的特点，比实心电极加工电加工的效率要高出 4 ~ 8 倍，而且被套出的材料还可以另作他用。例如：在橡胶模制造中，橡胶模型腔通过电火花套料加工，一次加工可同时得到两个成形零件。预计这一技术将在模具制造中得到更进一步的发展和应用。

6. 超精加工和复合加工将得到发展

航空航天等部门已应用纳米技术，为此必须要有超高精度的模具制造技术和超高精度的零件。随着模具向精密化和大型化方向发展，精度小于或等于1μm的加工技术和集电、化学、超声波、激光等技术于一体的复合加工将得到发展。专家预计，兼备其中两种以上工艺特点的复合加工技术在今后的模具制造中将有广阔的前景。

7. 热流道技术将得到推广

由于采用热流道技术的模具可提高制件的生产率和质量，并能大幅度节省制件的原材料和节约能源，所以这项技术是塑料模具的一大变革，目前已得到广泛应用。国外热流道技术的发展很快，许多塑料模具厂生产模具的过程中已大量采用热流道技术，效果十分明显。国内近几年来已开始推广应用，但总体还不到10%，个别企业达到30%左右。制订热流道元器件的国家标准，积极生产价廉高质量的元器件，是发展热流道技术的关键。

8. 气体辅助注射技术和高压注射成型等工艺将进一步发展

气体辅助注射成型是一种塑料成型的新工艺，它具有注射压力低、制品翘曲变形小、表面质量好以及易于成形壁厚差异较大的制品等优点，并可在保证产品质量的前提下，大幅度降低成本。国内在汽车和家电行业中正逐步推广此工艺。气体辅助注射成型包括塑料熔体注射和气体注射成型两部分，与传统的普通注射工艺相比，它需要确定和控制更多的工艺参数，同时由于气体辅助注射常用于较复杂的大型制品制造，模具设计和控制的难度较大，因此，开发气体辅助成型流动分析软件显得十分重要。为了确保塑料件精度，继续研究发展高压注射成型工艺与模具以及注射压缩成型工艺与模具尤为重要。

9. 进一步开拓应用模具液压成形技术

液压成形工艺是模具胀形技术采用的一种工艺手段，过去在带轮等类似的产品上得到广泛应用。目前该技术已拓展到汽车行业，在汽车零部件生产中得到运用。其工艺过程是：在管件或两层钢板间，在密封的条件下通过注入高压油，使其按模具的型腔压制成所需形状的制件。该方法简化了模具结构和减少了模具数量，克服了在常规成形过程中材料严重变薄的问题，提高了产品质量，并大幅度降低了生产成本。现上海大众汽车公司的B5车型副车架产品就采用该工艺成形。

然而由于成形工艺的限制，该技术尚不适宜制造某些沿纵轴截面弯曲变化大的构件。另外，目前尚不能解决还存在成形介质(高压油)传输到板材或管件之间的引入问题，因此该工艺还有待进一步发展，使其在更多领域得到开拓应用。

10. 模具标准化程度将不断提高

我国模具标准化程度正在不断提高，估计目前我国模具标准件的使用覆盖率已达到30%左右，而工业发达国家一般为80%左右。为了适应模具工业的发展，模具标准化工作必将要加强，模具标准化程度将进一步提高，模具标准件生产也必将得到发展。

11. 模具研磨抛光将向自动化、智能化方向发展

模具表面的精加工是目前模具加工中未能很好解决的难题之一。模具表面的质量对模具使用寿命、制件外观质量等方面有较大的影响。日本已研制了数控研磨机，可实现三维曲面模具的自动化研磨抛光。我国目前仍以手工研磨抛光为主，不仅效率低(约占整个模具周期的1/3)，而且工人劳动强度大、质量不稳定，这些都制约了我国模具加工向更高层次发展。因此，研究抛光的自动化、智能化是抛光的重要发展趋势。

另外，由于模具型腔形状复杂，任何一种研磨抛光方法都有一定局限性。应注意发展特

种研磨与抛光方法，如挤压珩磨、电化学抛光、超声抛光以及复合抛光工艺与装备，以提高模具表面质量。

12. 模具自动加工系统的研制和发展

随着各种新技术的迅速发展，国外已出现了模具自动加工系统。这同时也是我国模具工业长远发展的目标。模具自动加工系统应有如下特征：多台机床合理组合；配有随行定位夹具或定位盘；有完整的机具、刀具数据库；有完整的数控柔性同步系统；有质量监测控制系统等。

13. 虚拟技术将得到发展

计算机和网络的发展使虚拟技术成为可能。虚拟技术可以形成虚拟空间环境，实现虚拟合作设计、制造，合作研究开发，乃至建立虚拟企业。

二、国外模具工业的发展动态

把塑性材料加工成大批的、统一形状部件的生产方式是现代制造业的基石，实际上每一种市场化的商品都至少有一种是由模具限定出的外形。然而随着制造业的不断发展，模具变得越来越复杂，要求的牢固程度也越来越高。技术难度越来越高，产品的生命周期却越来越短，用户对模具产品也提出了更多的要求。例如：不用维护就可运行较长的时间、耗能低、抗磨损、便于安装更换以及具有更大的柔性等。

迫于市场竞争及用户要求不断提升的压力，模具生产厂家不得不选择更加实用有效的模具加工方式，采取更为有利的市场策略，由此，国外模具加工业已呈现出了以下发展趋势。

1. 全球化趋势

模具市场和发展的全球化是当今模具工业最主要的特征之一。模具的购买者是遍布全世界的，同时模具生产商也同样无处不在。模具工业的全球化发展使生产工艺简单、精度低的模具加工企业向技术相对落后、生产率较低的发展中国家迁移，而仍然保留在美国、欧洲和日本的模具生产企业则定位在生产高水准的模具上，这不仅是技术上的要求，更是竞争的结果。模具生产企业必须面对全球化的市场竞争，这正是模具生产商追求高效应用技术的驱动力。

2. 生产周期缩短

众所周知，在同样的条件下，用户为节约更多的生产时间，都愿意选择交货期短的产品。因此模具生产厂家不得不千方百计地加快生产进度，并努力简化和废除不必要的生产工序。

3. 高速加工

近年来发展起来的高速加工对模具制造业产生了重要的影响。高速加工是由非常小的步进距和较大的进给率来实现的，通常高主轴转速能使刀具获得足够的切削力，而使用斜置的刀具进行小宽度的粗加工切削时，往往金属去除率较高，即使采用小型刀具也能达到这样的效果。在很多情况下，经过高速粗加工后的工件表面精度已经接近于要求，因而半精加工操作就可省去。

高速加工使工件获得光滑的表面，同时还节省了加工时间，高速加工的典型步进距仅有0.001in[⊖]，而尖点只有0.00005in高，经过高速加工的工件表面大多数表面粗糙度值较低，

⊖ 1in = 0.0254m。

无需钳工的进一步加工。

在精加工的过程中，通过增大进给率可避免由于步进距的减小而造成的工期延长，而且后续的抛光或磨削工序的废除或减少则有利于加工表面的保护。

4. 硬铣削

用充分硬化的材料加工模具的型腔是模具加工业发展的另一个重要趋势。这对锻模尤其有价值，因为与其他模具相比，锻模往往需要更高的硬度。硬铣削的粗加工和精加工是在一台机床上连续完成的，粗加工时高主轴转速及小的刀具半径所进行的轻度切削形成了足够的转矩，可以用来加工硬度高达64HRC的金属材料，精加工时较小的步进距保证工件能够获得极佳的表面质量。

另外，硬化材料的高速加工给加工工具提出了更高的要求。许多机床工具生产商为这种加工专门设计开发了特种磨床。在高主轴转速及高进给率的情况下，刀具需要进行轻切削，因此热稳定性和较高的力学硬度也是十分必要的。在此类加工中，高压切削液是另一个必要的条件，但也有一些刀具制造商采用干切削的方式来防止对刀具的热冲击，同时干切削也可减少环境污染。此类机床大多数适于加工锻模及中小型尺寸的模具。

5. CAD/CAM 趋于快速化和智能化

CAD/CAM 有三大明显的发展趋势，即混合模型、设计制造系统数据库以及车间现场3D 程序编制。

近几年工业企业对混合模型的需求尤为显著。采用实体模型益处很大，它使结构复杂的材料实体能够轻易地以一个独立实体的形式进行表达和调整，并且允许实体之间的相加和相减得到新的实体模型。对于机械工程师来说，实体模型的主要优点在于它能使工程师设计的产品全部由相对标准化的实体元素构成，如标准的孔、凸台、套、凸缘等。

实体模型对刀具设计师也大有用途。在某些情况下，插入的3D 产品模型能够通过单次操作简单地从模具的型腔中减去。混合模型允许使用者在一个单独的几何模型中建造实体、表面及其他图形元素。采用某些 CAM 系统，使用者可以将这些实体模型自如地分解，或把所有的实体组合到一起，并作为一完整的实体进行加工。

6. 数据库系统

对于很多刀具生产厂家来说，能最终为他们带来实际利益的自动化 CAD/CAM 才是最重要的。在模具设计方面，一些 CAD/CAM 系统销售商如以色列的 Cimatron 技术公司、英国的 Vero 国际公司及美国的本特里系统公司已经在系统中增加了相应的模块，使常规的 CAD/CAM 系统实现了自动化功能。

在加工过程中，由于实体模型是一直存在的，所以 CAM 系统能够随时把正在加工的工件与实体模型进行比较。同时使用数据库系统，CAM 系统能够识别出两条刀具轨迹之间的区域内步进距过宽的位置，并对这些步进距过宽的区域沿与原始加工轴线垂直的方向进行再加工，以确保获得最佳的表面质量。而且实体数据库的连续存在对高速加工尤为重要，而对于半精加工来说，永恒实体库的存在是最理想的事情。

数据库系统是一种高度自动化的专家系统，它一般由资深的开发人员、机加工工具制造商以及大量的用户反馈共同完成，是 CAM 专家多年经验的结晶。作为一种以丰富经验为基础的系统，该程序库也为用户提供柔性的存储功能，以便用户添加自己的制造技术。

7. 车间现场编程

近几年来，CAM 系统正逐步趋向于更容易使用，为此 CAM 系统正由 CAM 设计室重新回到车间现场。在过去的 20 年中，许多厂家最初试图把程序编制转移到编程更易控制的 CAD/CAM 设计室中，但随着切削工具的日趋复杂化，NC 编程反而成了制约工业发展的瓶颈。程序编制重新转移到车间现场，并与实践结合起来，编程工具变得非常容易使用，这种障碍很快被消除。这是因为大多数刀具路线都是与加工工艺同步创造的，编程工具的适当使用削减掉了大量的 NC 程序编制时间。它不仅省去了 CAD 和 CAM 之间的反复修正过程，而且使生产部分获得了有效的 NC 程序，充分发挥生产线上工人和设备的作用。更为重要的是，创造刀具轨迹的人也是执行加工的人，这使加工者获得了实施其加工方法的机会，有助于作出更好的现场决定，选择最优化的加工方法，并及时地对加工方法进行修正。

8. 自动化

模具加工的另一个重要趋势是自动化。这听起来似乎有些不可思议，因为大多数模具都是单件生产的，它似乎应该需要柔性的加工系统，而非自动化的加工系统。但事实上，模具加工在诸多方面都表现出了小批量生产的特征。

目前，许多厂家都对自动化系统表现出了浓厚的兴趣，这种自动化设备在制造加工过程中能连续地自动执行操作步骤，且很少需要人的干涉，利用机器人自动化系统装载和卸载工件和刀具是许多模具厂家自动化发展的下一个目标。

9. 放电加工(EDM)

放电加工以其处理模具型腔的卓越能力而著称。放电加工被广泛应用于模具生产中，只要是模具生产厂家几乎至少有一台放电加工设备。在过去的几年中，放电加工技术发展迅速，这使得放电加工技术在模具加工业中的作用和地位更加突出。

为实现无人照管连续操作，放电加工系统必须提供工件自动化换位和电极转变功能，这是模具加工厂家在放电加工单元上安装自动化机器人操作系统的主要目的。由于放电加工单元所采用的机器人自动化系统会很快地消耗电极，因而电极需求量大大增加，造成了电极缺乏。在美国，石墨电极的高速加工技术日渐受到人们的欢迎。钳工和抛光工艺的减少和废除为电极加工赢得了宝贵的时间，更重要的是手工工作的废除意味着正在加工的和 CAD 限定出的几何模型永远不会丢失，而高速加工允许厂家按照用户的实际设计要求来生产电极，如果要生产不只一个电极，还可以由加工系统“复制”出一模一样的产品。有了充足的电极，在模具加工方面 EDM 就可以大显身手了，这是在多型腔模具加工方面的一个重大进步。

三、国内、外模具技术发展的主要差距

1. 产需矛盾

工业发展水平的不断提高，工业产品更新速度加快，对模具的要求也越来越高。尽管改革开放以来，模具工业有了较大的发展，但无论是数量还是质量只能满足国内市场需求的 70%。

造成产需矛盾突出的原因两个方面，一是专业化、标准化的程度低，除少量标准件外购外，大部分模具零件仍由模具厂来完成。再加上企业管理和体制上的约束，模具制造的周期长，不能适应市场要求。二是设计和制造工艺技术落后，模具CAD/CAM技术应用普及率不高，加工设备数控化率低等，亦造成模具市场效率不高、周期长。

2. 产品结构、企业结构等方面的差异

模具按国家标准分为十大类，其中冲压模、塑料模占模具用量的主要部分。按统计，我国目前冲压模占50%~60%，塑料模占25%~30%。而国外先进国家对发展塑料模很重视，塑料模比例一般占30%~40%。国内模具中，大型、精密、复杂、长寿命模具比例低，约占20%左右，国外则为50%以上。

我国模具生产企业结构不合理，主要生产模具能力集中在各主机厂的模具分厂（或车间）内。模具商品化率低，模具自产自配比例高达70%以上，而国外70%以上的模具是商品化的。即使是专业模具厂，我国也大多是“大而全”、“小而全”，生产效率和经济效益较低。而国外大多是“小而专”、“小而精”，生产效率和经济效益俱佳。

3. 产品水平

衡量模具产品水平，主要有模具加工的制造精度和表面粗糙度、加工模具的复杂程度、模具的使用寿命和制造周期等，在这些方面，国内外模具的产品水平仍具有很大差距，各项数据详见表1-3、表1-4和表1-5。

表1-3　国内外模具制造精度的不同

序　号	项　目	国　内	国　外
1	注射模： 型腔精度 表面粗糙度值	0.02~0.05mm R_a0.20μm(IT10)	0.005~0.01mm R_a0.10~0.050μm(IT11~IT12)
2	压铸模： 型腔精度 表面粗糙度值	0.01~0.03mm R_a0.40μm(IT9)	0.02~0.05mm R_a0.20~0.10μm(IT10~IT11)
3	冷冲模： 尺寸精度 表面粗糙度值	0.01~0.02mm R_a0.80~0.60μm(IT7~IT8)	0.003~0.005mm R_a0.20μm以下(IT10以上)
4	锻模： 尺寸精度 表面粗糙度值	0.05~0.10mm R_a1.60μm(IT7)	0.02~0.03mm R_a0.40μm以下(IT9以上)
5	级进模步距精度	0.003~0.01mm	0.002~0.005mm

表1-4　国内外模具生产周期的不同

序　号	项　目	国　内	国　外
1	中型压铸模	3~6个月	2~3个月
2	中型塑料模	2~4个月	1个月
3	高精度级进模	4~5个月	3~4个月
4	汽车覆盖件模	一年	6~7个月

表 1-5 国内外模具寿命的不同

序号	项目	国内	国外
1	压铸模： 锌、锡压铸模 铝压铸模 铜压铸模 钢铁材料压铸模	 20 万 ~30 万次 20 万次 5000 ~10000 次 1500 次	 100 万 ~300 万次 100 万次 10 万次 8000 ~20000 次
2	塑料模： 非淬火钢模 淬火钢模	 10 万 ~30 万次 50 万 ~100 万次	 10 万 ~60 万次 160 万 ~300 万次
3	冷冲模： 合金钢制冲模的总寿命 硬质合金制冲模总寿命	 100 万 ~400 万次 6000 万次 ~1 亿次 100 万 ~300 万次刃磨一次	 500 万 ~1000 万次 2 亿次 500 万 ~1000 万次刃磨一次
4	锻模： 普通锻模 精密锻造模	 0.8 万 ~1 万次 0.3 万 ~0.8 万次	 2.5 万次 1 万 ~1.5 万次
5	玻璃模：寿命	10 万 ~30 万次	30 万 ~60 万次

4. 工艺装备水平

我国机床工具行业已可提供比较成套的高精度模具加工设备，如加工中心、数控铣床、数控仿形铣床、电加工机床、坐标磨床、光曲磨床，三坐标测量机等。但在加工和定位精度，加工表面粗糙度，机床刚性、稳定性、可靠性，刀具和附件的配套性等方面，和国外相比仍有较大的差距。

第四节 模具标准及发展

一、模具标准的发展体系

1. 模具标准的基本技术要求

模具生产技术和制订模具技术标准的基本要求，主要有以下两个方面：

1）扩大标准化程序，组织批量生产，以改善单件生产状态。因为组成模具的零、部件多属于一般性机械零部件，可制订成通用标准进行批量生产。其中成形工作零件，如凸、凹模标准（如圆凸模、圆凹模）零件，可组织专业化生产。

2）各类模具的精度要求：由于工作部分零件是根据产品零件（制件）的形状、尺寸精度等技术要求设计的，所以其工作部分的零件精度，需高于制件 1 ~2 个公差等级，且必须满足产品零件的形状和力学、物理性能以及使用性能等技术要求。这样模具中的其他零部件也需相应地提高设计和制造精度等技术要求。这是制订标准模架精度和公差等级的主要依据，也是选用标准模架的重要根据。

2. 体系

模具技术标准体系一般分为五层。第一层为模具技术标准体系表；第二层为十大类模具技术标准名称；第三层为每大类模具标准的分类标准名称；第四层为每分类标准的具体标准项目名称；第五层则为标准项目名称，如图 1-1 所示。

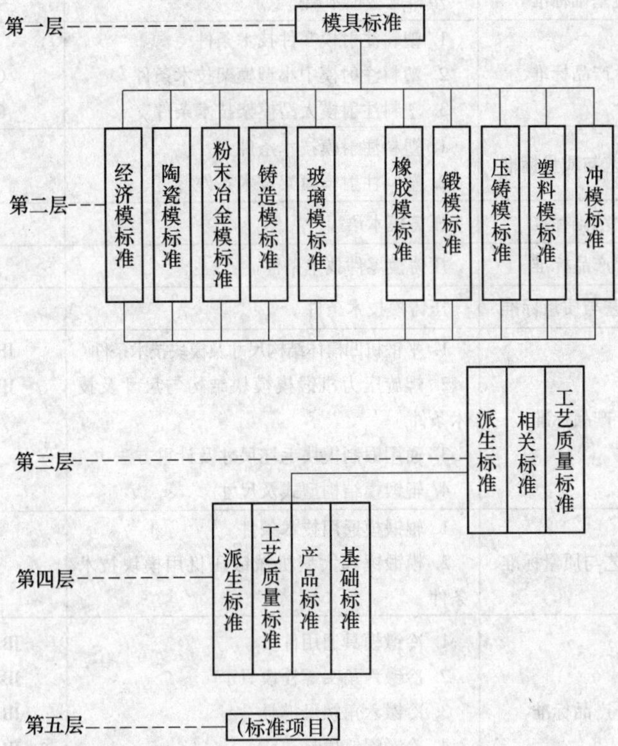

图 1-1 模具技术标准体系

体系表具有规则和计划性质，是在研究模具分类及技术标准体系的基础上建立的，需有较强的可行性及可操作性。因此，还附有一个开发和制订模具技术标准的项目表，见表1-6。在该表中，列入已制订完成的国家标准和行业标准，以供宣传、贯彻。

表 1-6 已制订的模具技术标准

模具标准分类	标准分类名称	标准项目名称	标 准 号
冲模技术标准	基础标准	1. 冲模术语	GB/T 8845—2006
		2. 冲裁间隙	GB/T 16743—1997
	产品标准	1. 冲模模架技术条件	JB/T 8050—1999
		2. 冲模零件及技术	JB/T 7643 ~ 7652—1994
		3. 冲模钢板模架技术条件	JB/T 7183—1995
	工艺与质量标准	1. 冲模模架零件技术条件	JB/T 8070—1995
		2. 冲模技术条件	GB/T 14662—2006
		3. 冲模模架精度检查	JB/T 8071—1995
精冲模标准	工艺与质量标准	1. 精冲模零件技术条件	SJ/T 10340—1993
		2. 精冲模模架技术条件	SJ/T 10338—1993

（续）

模具标准分类	标准分类名称	标准项目名称	标 准 号
组合冲模标准	产品标准	槽系列组合冲模元件通用技术条件	JB/T 8336—1996
塑料注射模技术标准	基础标准	塑料成型模术语	GB/T 8846—2005
	产品标准	1. 塑料注射模零件技术条件 2. 塑料注射模中小型模架技术条件 3. 塑料注射模大型模架技术条件	GB/T 4170—2006 GB/T 12556. 2—1990 GB/T 12555. 2—1990
	工艺与质量标准	1. 塑料注射模技术条件 2. 塑料注射模模架技术条件	GB/T 12554—2006 GB/T 12556—2006
压铸模技术标准	基础标准	压铸模术语	GB/T 8847—2003
	产品标准	压铸模零件技术条件	GB/T 4679—2003
	工艺与质量标准	压铸模技术条件	GB/T 8844—2003
锻模技术标准	产品标准	1. 平锻机凹模体结构尺寸及模块技术条件 2. 螺旋压力机锻模模块结构与尺寸及技术条件 3. 通用锻制模块毛坯尺寸及计重方法 4. 辊锻模结构型式及尺寸	JB/T 5111. 1 ~4—1991 JB/T 5110. 1 ~3—1991 JB/T 5900—1991 JB/T 9194—1999
	工艺与质量标准	1. 辊锻模通用技术条件 2. 模锻锤和大型机械锻压机用模块技术条件	JB/T 9195—1999 GB/T 11880—1989
冷锻模具标准	产品标准	1. 冷镦模具通用件 2. 冷镦六角头螺栓模具 3. 冷镦六角螺母模具 4. 冷镦螺钉模具 5. 冷镦内六角圆栓头螺钉模具	JB/T 4208. 1 ~18—1996 JB/T 4209. 1 ~13—1996 JB/T 4210. 1 ~25—1996 JB/T 4211. 1 ~12—1996 JB/T 4212. 1 ~13—1996
	工艺与质量标准	紧固件冷镦模具技术条件	JB/T 4213—1996
拉丝模具标准	产品标准	金刚石拉丝模具	JB/T 3943. 2—1999
	工艺与质量标准	1. 聚晶金刚石拉丝模具技术条件 2. 硬质合金拉制模具技术条件	JB/T 5823—1999 JB/T 3943. 1—1999
橡胶模具技术标准	产品标准	轮胎外胎模具	HG/T 3227—1987
	工艺与质量标准	橡胶模具技术条件	JB/T 5831—1991
玻璃模具标准	工艺与质量标准	玻璃模具技术条件	JB/T 5785—1991

3. 国际模具标准的基本概况

国际模具标准化组织是 ISO/TC29/SC8，其中 ISO 是国际标准化组织名称的英文缩写，TC29 是为 ISO 组织中的第 29 技术委员会，即小工具(Small Tools)技术委员会。SC8 是 TC29 委员会中的一个分委员会，即冲压和成形工作(Tolls for Pressing and Moulding)分委员会，其秘书国为瑞典。SC8 前身是 ISO 组织于 1978 年成立的第 28 个工作组，即模具标准化工作组，1980 年在 ISO 组织的计划委员会第 18 次会议上决议成立 SC8。其成员国有比利时、中国、瑞典、瑞士、英国、前苏联、匈牙利、南非和美国等共 14 个工业国家，中国为 P 成员国(Per—Mannetmemberstate)。SC8 的基本任务是组织成员国制订冲模和各类成形模具的国际通用模具技术标准，并在每年的年会上审查这些标准，最后由ISO组织批准颁布。这个组织和我国“全国模具标准技术委员”的工作是一致的，它也是SC8在我国模具技术标准体系表的对口组织。SC8分委员会自1982年以来，已经组织制订和审查、通过了18项国际通用模具技术标准，另有多项标准草案正在审理中。

制(修)订我国模具技术标准时，参照采纳国际先进标准和先进企业标准，也是一条重要的技术政策。

在制订冲模模架、塑料注塑模模架两类模具的通用零件，以及它们的技术条件等国家标准时，除全面采纳ISO/TC29/SC8公布的通用零件标准外，在技术指标及参数等方面，参照和部分采纳了德国的DIN标准和哈斯科企业标准、美国DME公司标准、日本JIS标准和双叶电子工业公司标准。

制订锻模模块标准时，全面采纳了前苏联TOCT标准，从而增强了我国模具技术标准的先进性。

我国参照国际标准化组织体系制订的标准将模具分为10大类，见表1-7。

表1-7 我国模具分类

序号	模具类型	模具品种	成形加工工艺性质及使用对象
1	冲压模具（冲模）	冲裁模(无或少废料冲裁、整修、光清冲裁、深孔冲裁冲模等)、弯曲模具、拉深模具、单工序模(冲裁、弯曲、拉深、成形等)、复合冲模、级进冲模、汽车覆盖件冲模、组合冲模和电机硅钢片冲模等	板材冲压成形
2	塑料模具	挤塑模具、注塑模具(立式、卧式、角式注射模具)、热固性塑料注射模具、挤出成形模具(管材、薄膜扁平机头等)、发泡成形模具、低发泡注射成形模具和吹塑成形模具等	塑料制品成型加工工艺，热固性和热塑性塑料
3	压铸模	热压室压铸机用压铸模，立式冷压室压铸机用压铸模，卧式冷压室压铸机用压铸模、全立式压铸机用压铸模、非铁金属(锌、铝、铜合金)压铸模和钢铁材料压铸模	非铁金属与钢铁材料压力铸造成形工艺
4	锻造模具	模锻锤和大型压力机用锻模、螺旋压力机用锻模、平锻机锻模等；各种紧固件冷镦模、挤压模具、拉丝模具、液态锻造用模具等	金属零件体积成形，采用锻压、挤压等体积成形工艺方法
5	铸造模具	各种金属零件铸造时采用的金属模型	金属浇铸成形工艺
6	粉末冶金模具	成形模：手动模：实体单向压制、实体双向压制手动模、实体浮动压模等 机动模：大型截面实体浮动压模、极掌单向压模、套类单向、双向压模、套类浮动压模等 整形模：手动模：径向整形模、带外台阶套类全整形模、带球面件整形模等 机动模：无台阶实体件自动整形模、轴套拉杆式半自动整形模、轴套通过式自动整形模、轴套全整形自动模、带外台阶与带外球面轴套全整形自动模等	粉末制品压坯的压制成形工艺。主要用于铜基、铁基粉末制品，机械零件，电器零件，电触头等。磁场性零件，工具材料与制品易热零件、核燃料材料等

（续）

序号	模具类型	模具品种	成形加工工艺性质及使用对象
7	玻璃模具	吹吹法成形瓶罐模具，压吹法成形瓶罐模具，玻璃器皿用模具	玻璃制品成形工艺
8	橡胶模具	橡胶制品的压胶模、挤胶模、注塑模、橡胶轮胎模、O 形密封圈橡胶模等	橡胶压制成形工艺
9	陶瓷模具	各种陶瓷器皿等制品用的成形金属模具	陶瓷制品成形工艺
10	经济模具（简易模具）	模锻锤和大型压力机用锻模、螺旋压力机用锻模、平锻机锻模等；各种紧固件冷镦模、挤压模具、拉丝模具、液态锻造用模具等	适用多种少批量工业产品用模具，有很高经济价值

二、我国模具标准化的基本概况

1. 标准化技术组织机构的情况

根据《中华人民共和国标准化法》和《中华人民共和国标准化法实施条例》，需要在全国或行业范围内统一技术要求，应当制订国家标准或行业标准。所有国家标准应由国务院标准化行政主管部门国家质量监督检验检疫总局组织制订，模具行业标准则由国家发展和改革委员会组织制订。根据国务院标准化行政主管部门的统一规划，1983 年组建了全国模具标准化技术委员会，其主要任务是，在国家标准化主管部门的领导下组织模具国家标准与行业标准的制订、修订、复审和标准草案的技术审查工作。

全国模具标准化技术委员会现为第五届，有委员 39 人、顾问 3 人，由从事模具科研、生产、应用和教育培训的各方面专家组成。其中，10 名委员为大学和科研单位的专家，29 名委员为模具或模具标准件生产和应用企业的专家。秘书处挂靠单位为桂林电器科学研究所。模具标准化技术组织机构的基本情况见表 1-8。

表 1-8　全国模具标准化技术委员会

SAC/TC 编号	技术委员会名称	业务范围	单位数量	委员数量	对应 ISO	秘书处所在单位
SAC/TC 33	全国模具标准化技术委员会	冲模、塑料模、压铸模、锻模等各类模具	38	39	ISO/TC29/SC8	桂林电器科学研究所

2. 现行标准情况

全国模具标准化技术委员会现有归口标准：国家标准 104 项，行业标准 233 项。涉及冲模、塑料模、压铸模、锻模、塑封模、橡胶模、玻璃模、陶瓷模等主要模具的类型已基本形成体系。

随着标准化工作在国民经济和社会发展中的作用不断增强，各行各业对标准的需求也在不断增加。我国国家标准中存在的陈旧老化、总体技术水平低、体系结构不合理等一系列问题，已严重地影响了国家标准的市场适应性。为尽快解决上述问题，加速建立先进、科学、适应社会主义市场经济体制的标准体系，充分发挥国家标准在国民经济战略性结构调整、促进对外贸易和提高人民生活水平方面的技术支撑作用，国家标准化管理委员会于 2004 年决定对现行的国家标准和国家标准制、修订计划项目进行全面清理，标准的清理工作于2005年底基本结束。模具国家标准经清理整合压缩为75项(22项压铸模国家标准已完成修订并通过审批而被颁布;28项塑料模标准于2007年4月1日实施;原45项冲模标准将在近期整合修订为19项;另6项待修订)。经清理后的模具国家标准见表1-9。

表1-9 清理后的模具国家标准

序号	标准编号	标准名称	序号	标准编号	标准名称
1	GB/T 8845—2006	冲模术语	29	GB/T 4169.5—2006	塑料注射模零件 第5部分：有肩导柱
2	GB/T 14662—2006	冲模技术条件	30	GB/T 4169.6—2006	塑料注射模零件 第6部分：垫块
3	GB/T 2851—1990	冲模滑动导向模架	31	GB/T 4169.7—2006	塑料注射模零件 第7部分：推板
4	GB/T 2852—1990	冲模滚动导向模架	32	GB/T 4169.8—2006	塑料注射模零件 第8部分：模板
5	GB/T 2855.1—1990	冲模滑动导向 模座对角导柱上模座	33	GB/T 4169.9—2006	塑料注射模零件 第9部分：限位钉
6	GB/T 2855.2—1990	冲模滑动导向 模座对角导柱下模座	34	GB/T 4169.10—2006	塑料注射模零件 第10部分：支承柱
7	GB/T 2856.1—1990	冲模滚动导向 模座对角导柱上模座	35	GB/T 4169.11—2006	塑料注射模零件 第11部分：圆锥定位元件
8	GB/T 2856.2—1990	冲模滚动导向 模座对角导柱下模座	36	GB/T 4169.12—2006	塑料注射模零件 第12部分：推板导套
9	GB/T 2861.1—1990	冲模导向装置A型导柱	37	GB/T 4169.13—2006	塑料注射模零件 第13部分：复位杆
10	GB/T 2861.3—1990	冲模导向装置C型导柱	38	GB/T 4169.14—2006	塑料注射模零件 第14部分：推板导柱
11	GB/T 2861.6—1990	冲模导向装置A型导套	39	GB/T 4169.15—2006	塑料注射模零件 第15部分：扁推杆
12	GB/T 2861.8—1990	冲模导向装置C型导套	40	GB/T 4169.16—2006	塑料注射模零件 第16部分：带肩推杆
13	GB/T 2861.10—1990	冲模导向装置钢球保持圈	41	GB/T 4169.17—2006	塑料注射模零件 第17部分：推管
14	GB/T 861.11—1990	冲模导向装置圆柱螺旋压缩弹簧	42	GB/T 4169.18—2006	塑料注射模零件 第18部分：定位圈
15	GB/T 2861.12—1990	冲模导向装置A型可卸导柱	43	GB/T 4169.19—2006	塑料注射模零件 第19部分：浇口套
16	GB/T 2861.13—1990	冲模导向装置B型可卸导柱	44	GB/T 4169.20—2006	塑料注射模零件 第20部分：拉杆导柱
17	GB/T 2861.14—1990	冲模导向装置衬套	45	GB/T 4169.21—2006	塑料注射模零件 第21部分：矩形定位元件
18	GB/T 2861.15—1990	冲模导向装置垫圈	46	GB/T 4169.22—2006	塑料注射模零件 第22部分：圆形拉模扣
19	GB/T 2861.16—1990	冲模导向装置压板			
20	GB/T 8846—2005	塑料成型模术语			
21	GB/T 12554—2006	塑料注射模技术条件			
22	GB/T 4170—2006	塑料注射模零件技术条件			
23	GB/T 12555—2006	塑料注射模模架			
24	GB/T 12556—2006	塑料注射模模架技术条件			
25	GB/T 4169.1—2006	塑料注射模零件第1部分：推杆			
26	GB/T 4169.2—2006	塑料注射模零件第2部分：直导套			
27	GB/T 4169.3—2006	塑料注射模零件 第3部分：带头导套			
28	GB/T 4169.4—2006	塑料注射模零件 第4部分：带头导柱			

（续）

序号	标准编号	标准名称	序号	标准编号	标准名称
47	GB/T 4169.23—2006	塑料注射模零件 第23部分：矩形拉模扣	61	GB/T 4678.11—2003	压铸模零件 第11部分：推杆
48	GB/T 8847—2003	压铸模术语	62	GB/T 4678.12—2003	压铸模零件 第12部分：复位杆
49	GB/T 4679—2003	压铸模零件技术条件			
50	GB/T 8844—2003	压铸模技术条件	63	GB/T 4678.13—2003	压铸模零件 第13部分：推板垫圈
51	GB/T 4678.1—2003	压铸模零件 第1部分：模板	64	GB/T 4678.14—2003	压铸模零件 第14部分：限位钉
52	GB/T 4678.2—2003	压铸模零件 第2部分：圆形镶块	65	GB/T 4678.15—2003	压铸模零件 第15部分：垫块
53	GB/T 4678.3—2003	压铸模零件 第3部分：矩形镶块	66	GB/T 4678.16—2003	压铸模零件 第16部分：扁推杆
54	GB/T 4678.4—2003	压铸模零件 第4部分：带肩导柱	67	GB/T 4678.17—2003	压铸模零件 第17部分：推管
55	GB/T 4678.5—2003	压铸模零件 第5部分：带头导柱	68	GB/T 4678.18—2003	压铸模零件 第18部分：支承柱
56	GB/T 4678.6—2003	压铸模零件 第6部分：带头导套	69	GB/T 4678.19—2003	压铸模零件 第19部分：定位元件
57	GB/T 4678.7—2003	压铸模零件 第7部分：直导套	70	GB/T 9453—1988	锻模及其零件术语
58	GB/T 4678.8—2003	压铸模零件 第8分：推板	71	GB/T 11880—1989	模锻锤和大型机械锻压机用模块技术条件
59	GB/T 4678.9—2003	压铸模零件 第9分：推板导柱	72	GB/T 14663—1993	塑封模具技术条件
			73	GB/T 14664—1993	塑封模具尺寸公差规定
60	GB/T 4678.10—2003	压铸模零件 第10分：推板导套	74	GB/T 6110—1985	硬质合金拉制模具型式和尺寸
			75	GB/T 15824—1995	热作模具钢热疲劳试验方法

3．国际标准化对口工作情况

全国模具标准化技术委员会自1983年组建以来，一直负责国际标准化组织ISO/TC29/SC8小工具、冲模和成形模的国内技术对口工作。我国作为该国际标准化组织的P成员，积极参与了模具国际标准各阶段的征求意见与投票工作。国际标准草案译文经征求委员和专家意见后提出修订意见并进行投票，投票率达100%。

ISO/TC29/SC8现有标准59项，主要包括模具零件标准和冲模模架标准。由于模具国际标准的起草主要以欧洲国家为主，与我国模具标准件行业普遍采用的标准体系不大对应，特别是标准的尺寸系列与我国地处亚洲的实际情况相差较远，所以模具国际标准的采标率还比较低。

三、模具标准件的应用

模具标准件的应用在不同的国家和地区有一定差别，主要是在品种和名称上的区别，但所具有的结构基本上是一致的。由于塑料模具占了整个模具的30%以上，因此它的标准化程度是决定模具的制造成本、周期和精度的重要因素。为此，我们以流行于广东珠江三角洲地区的注射模标准模架(港台标准)的选用为例作一些基本介绍。

1. 标准模架的分类

香港地区按进料口(浇口)的形式将模架分为大浇口模架和小浇口模架两大类。其中，大浇口模架是指进料口采用除点浇口外的其他浇口形式的模具(二板式模具)所选用的模架，小浇口模架是指进料口采用点浇口模具(三板式模具)所选用的模架。

2. 标准模架结构

(1) 大浇口模架　大浇口模架有 4 种型号：A 型、B 型、C 型、D 型，如图 1-2 所示。图 1-3 所示列出了大浇口 A 型、B 型和 C 型模架的三维结构，以便更清楚地说明模架结构。

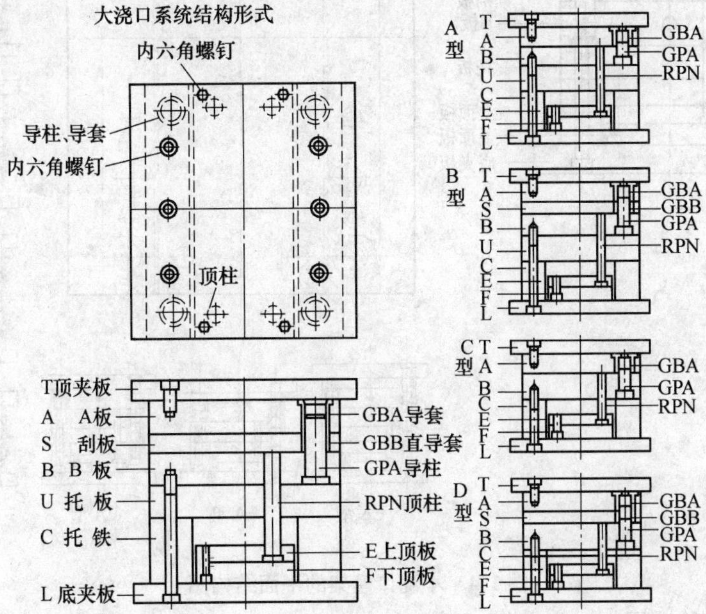

图 1-2　大浇口模架的平面结构图

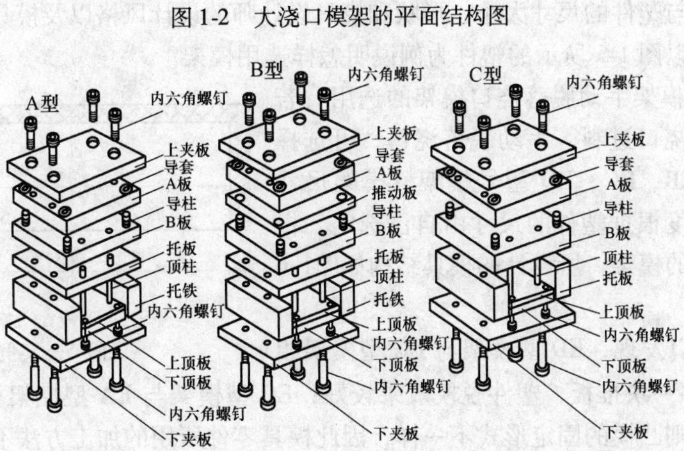

图 1-3　大浇口模架的三维立体结构图

(2) 小浇口模架　小浇口模架是指采用点浇口的模具所选用的模架，如图 1-4 所示，小浇口模架有 8 种型号：DA 型、DB 型、DC 型、DD 型、EA 型、EB 型、EC 型、ED 型。

其中以 D 字母开头的 4 种型号适用于自动断浇口模具的模架，以 E 字母开头的适用于手动脱落浇口。

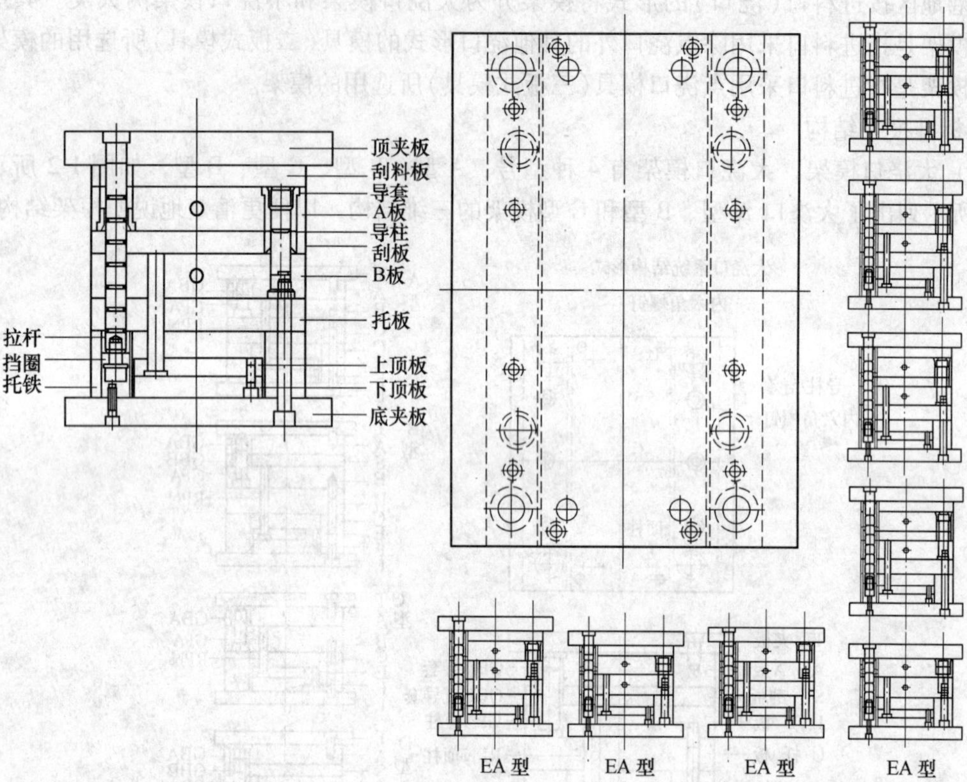

图 1-4　小浇口模架的平面结构图

3. 标准模架的选用

模架的选用与塑件的尺寸大小、形状和模具设计师的设计风格以及模具制造所用的生产设备有关。下面以图 1-5 所示的塑件为例说明怎样选用模架。

（1）小浇口模架手动脱落浇口模架的选用　若浇注系统采用点浇口进料、手动脱落浇口，可选择小浇口的 EA、EB、EC、ED 型号模架，模架尺寸大小及各板的厚度根据塑件的尺寸由自己选定，根据所选不同型号的模架，所设计的模具结构如图1-6所示。

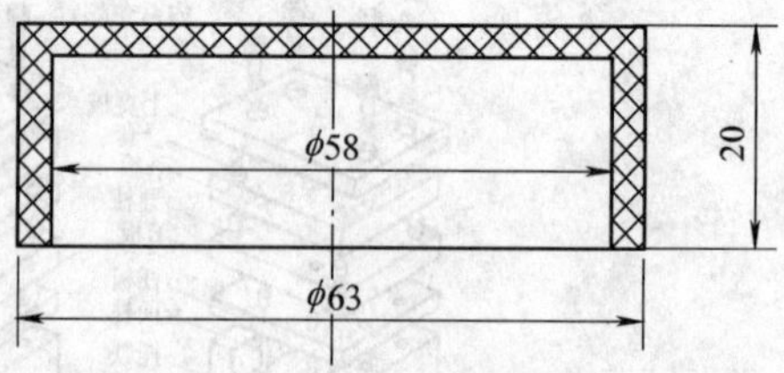

图 1-5　实例塑件

由图 1-6 可以发现，ED 型模架与 EC 型模架相比，ED 型模架多一块推板，塑件脱模效果较好；EC 型模架与 EA 型模架相比，EC 型模架少一块支承板，则凸模的固定形式不一样，因此模具零件所用的加工方法不一样。具体选哪种型号的模架主要是根据加工设备和个人的喜好来确定。

本例中，模架的大小是根据塑料制品的大小来选定的代号为 S1520 的模架，另外根据塑件的厚度和实践经验 A 板厚度取 40mm、B 板厚度取 50mm、C 板厚度取 60mm。S1520 表示模架规格为小浇口，其长度为 150mm、宽度为 200mm，该尺寸的大小是根据塑件的径向尺

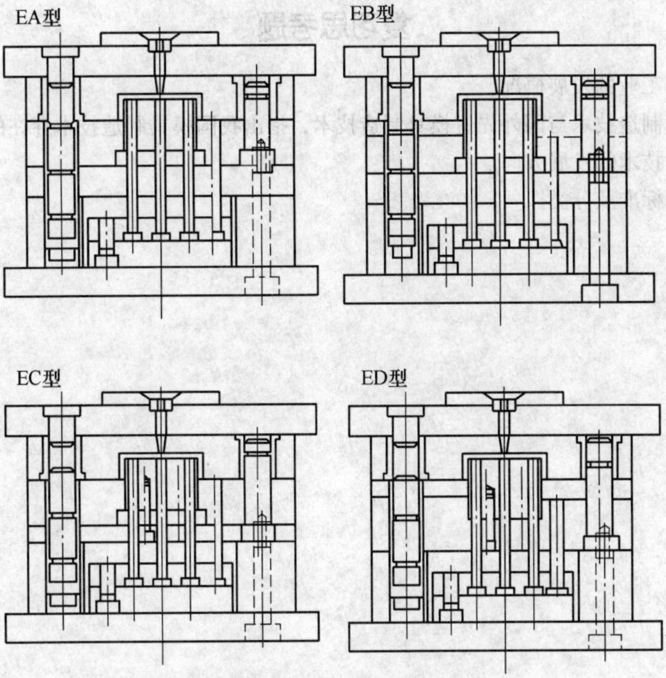

图 1-6 各种型号小浇口模架的应用

寸和实践经验来选取的。

（2）小浇口模架自动脱落浇口模架的选用 若进料方式为点浇口形式且为需要自动脱落的浇口，则可选用小浇口模架的 DA、DB、DC、DD 型号，模具结构大致如图 1-7 所示（只给出 DB 型模架）。

（3）大浇口模架的选用 若进料方式为其他浇注系统形式（如直浇道），则选用大浇口模架的 A、B、C、D 型号，模具结构大致如图 1-8 所示（只画出 B 型号模架）。

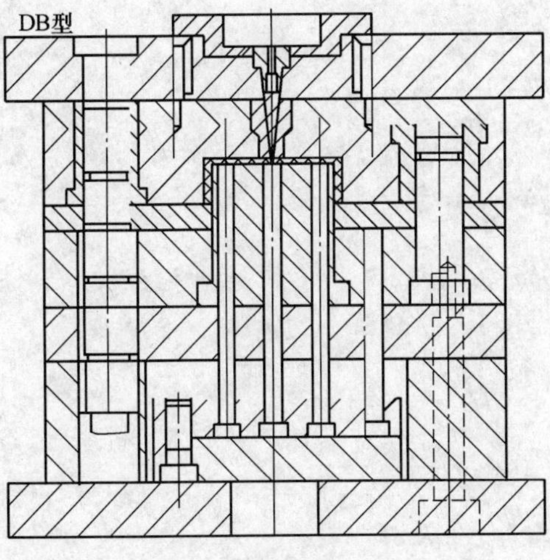

图 1-7 小浇口自动脱落浇口模架的应用

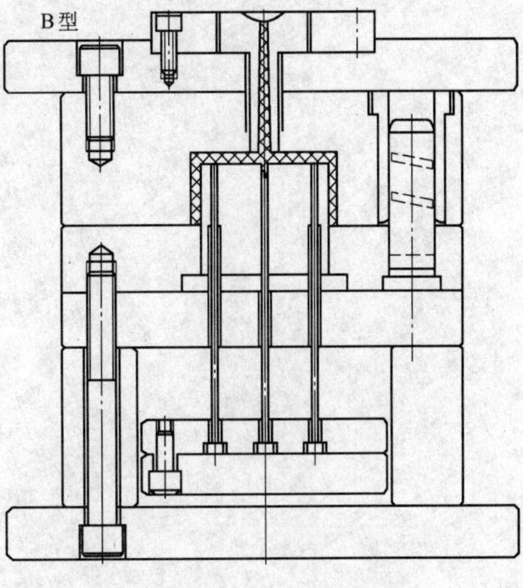

图 1-8 大浇口模架的应用

复习思考题

1. 简述我国模具工业的发展概况。
2. 比较我国模具制造技术与国外先进模具制造技术，指出我国模具制造技术存在的差距。
3. 论述我国模具技术的发展方向。
4. 简述我国模具标准及分类。

第二章　模具材料及热处理技术

本章应知

1. 了解我国模具材料的应用发展趋势。
2. 了解我国模具表面处理技术的发展趋势。
3. 了解真空热处理技术。

本章应会

1. 掌握冷作模具钢、热作模具钢和塑料模具钢的选用。
2. 掌握模具的表面处理技术。
3. 掌握我国常用模具钢的分类以及选用基本原则。

第一节　常用的模具材料及其选用

模具材料的性能水平、质量的优劣、使用合理与否等因素，对于模具的制造精度、模具工作时的承载能力、寿命、成品合格率及成本均有密切的关系。因此在设计和制造模具的过程中，在选材方面应综合考虑模具的种类、制件批量、制件材料和制件复杂程度等因素。而对于模具材料本身，则要考虑它的力学性能、耐磨性、耐热性、耐蚀性、热变形、淬透性、机械加工性、价格和供货情况等。目前任何一种材料都难以满足所有的性能要求，故只能根据实际的使用条件，在满足主要性能的情况下来选择模具材料。

模具材料一般选用碳素工具钢、合金工具钢、合金结构钢、硬质合金、铸铁、非铁金属等。通常把模具钢分为冷作模具钢、热作模具钢和塑料模具钢。

一、冷作模具钢

1. 冷作模具钢的应用

冷作模具钢用于制造冷冲压模(冲裁模、弯曲模、拉深模、成形模和压型模)、冷镦模、冷挤压模(搓丝板、滚丝模、滚齿纹模和成形滚牙模)、拉拔模(钢管、圆钢冷拔模)。冷作模具的使用温度较低，一般不超过300℃，对模具材料的高温性能没有特殊的要求，但要求在常温下具有高硬度、高强度、高耐磨性、高抗疲劳性、足够的韧性、高淬透性和热处理不变形(或小变形)及淬火、回火时不开裂等性能。

可用的冷作模具钢有上百种，按照钢中碳的含量及合金元素的含量，并结合使用性能可分为高碳工具钢、合金工具钢、轴承钢、高速钢、钢结硬质合金、硬质合金等。

2. 常用的冷作模具钢

常用冷作模具钢的型号、主要特性、硬度及用途见表2-1。

二、热作模具钢

1. 热作模具钢的应用

热作模具钢主要用于制造锤锻模、压力机锻模、热挤压模和压铸模，它们的工作条件有很大的差别。

表 2-1　冷作模具钢的型号、主要特性、硬度及用途

型　号	主要特性	硬度(HRC)	用　途
T7、T8	具有较高的硬度和耐磨性，但热硬性、淬透性、回火抗力较低，加热时易过热、易变形、起氧化皮产生脱碳，同时该类材料脆性大，强度也较低	57～60	该材料淬火温度较低，可用来制造受冲击力不大、形状简单、尺寸小、批量少的冲裁模、弯曲模、成形模
T10、T12		56～58	
Cr12	高碳、高铬型冷作模具钢，具有较好的淬透性和良好的耐磨性，热处理变形小，但冲击韧性较差，较易碎裂	56～62	用来制造受冲击负荷一般，要求具有高耐磨性的冷冲模、压印模、搓丝板、冷挤模
Cr12MoV	高碳、高铬型冷作模具钢，具有良好的淬透性和很高的耐磨性，淬火时体积变形小，韧性好，机械加工性能优良	56～64	用来制造要求高耐磨性的大型复杂冷作模具，如切边模、滚边模、拉拔模、螺纹滚模和要求高耐磨、高强度的冷冲模
9Mn2V 9Mn2	碳化物分布均匀、冷加工性能优良、热处理工艺好，不易裂、不易变形，但淬透性、回火稳定性稍差	58～62	价格较低，用来制造精压模、冷镦模、塑料模及材料厚度小于4mm的冲裁模
CrWMn	具有较高的淬透性、一定的硬度和耐磨性，但加热时易形成网状碳化物	58～62	用作冲制薄钢板、非铁金属的轻载、复杂形状、高精度的冷冲模或制造量具
9SiCr	碳化物分布均匀，淬透性、淬硬性较好，回火时硬度变化平缓，承载能力较好	54～62	中等复杂程度和载荷的冷冲模、受镦轻但形状复杂的冷镦模及搓丝板、滚丝模、各种剪刀
GCr15 Cr12	GCr15为轴承钢，Cr12为量具刃具钢，它们具有冷作模具钢所要求的高硬度、高耐磨性、高的接触疲劳强度和弹性极限、一定的冲击韧性和良好的尺度寸稳定性	61～65	用来制造冷冲模、精压模、冷挤压模、滚压模、冷拔模及受镦轻而形状复杂的冷镦模、滚动导柱、导套
60Si2Mn	该材料为弹簧钢，具有高韧性、高冲击疲劳强度，但抗压能力和耐磨性低，热稳定性差，淬火变形难以控制	48～57	用来制造标准件的小型冷镦凸模、小型冲剪工具、风动工具及硬质合金模预应力套
4CrW2Si 5CrW2Si 6CrW2Si	系抗冲击工具钢，具有高强度、高韧性、高耐磨性及高承载能力，但抗压强度低、热稳定性差、淬火变形较难控制、脱碳敏感性较强	50～58	用于制造各种大、中型重载圆剪刃、成形剪刃及冲裁模、冷镦模、精压模的冲头、风动工具及预应力套
6W6MoSiCr4V (6W6)	低碳高速钢类型的高承载能力冷作模具钢，淬透性好，具有高速钢的高硬度、高耐磨性、高热硬性，而强度、韧性、冲击疲劳断裂抗力均优于高速钢	60～63	用于制造冷挤压、冷镦的凸凹模或大规格的圆钢下料剪刀
65Cr4W3Mo2VNb (65Nb)	高韧性冷作模具钢，其成分接近于高速钢，属于基体钢，具有高速钢的高硬度和高强度，过剩碳化物极少且颗粒细小，分布均匀，因此具有较好的冲击韧性和疲劳强度、抗弯强度	60～64	该材料的合金元素含量较低，故成本低于高速钢，而强度和韧性高于高速钢。用于制造冷挤压模具、冷镦模具及其他冷作模具

（续）

型　号	主要特性	硬度(HRC)	用　途
7Cr7Mo3V2Si（LD）	具有强度高、韧性好、耐磨损、冷热加工工艺性能优良的特点，淬火温度范围宽，热处理变形小	60～61	用于制造冷镦、冷挤、冷冲、冷弯等各类冷作模具，使用寿命长
W18Cr4V W6Mo5Cr4V2	钨系通用型高速钢，具有高强度、高压性、高耐磨性和高热稳定性的特点，热处理温度范围较宽，淬火不宜过热，但工艺复杂，制造工艺性能欠佳	60～64	该材料合金元素含量高，除用作机械加工刀具外，还用于冷压挤冲头，中、厚钢板冲孔凸模(10～25mm)，直径$\phi5$～$\phi6$mm的小凸模及小型高寿命的冷冲剪工具
钼钒铸铁	火焰表面淬火，耐磨性和自润滑性能好，防粘结能力强，但强度、韧性差	56～60	用于制造大、中型双动拉深的凸、凹模
Ni-Cr合金铸铁球墨铸铁	火焰表面淬火，耐磨性和自润滑性能好，防粘结能力强但强度、韧性差	45～50	用于制造小型拉深模
YG15 YG8	具有极高的硬度和耐磨性，但韧性差	78～86	用于制造形状复杂、批量大的凸、凹模及拉深、弯薄拉深模，要求高耐磨的凸凹模、热切边模
GT35 TLW50	钢结硬质合金是以碳化物和碳化钛为硬质相，以合金钢为粘结相，用粉末冶金方法制成的一种工具材料，可进行锻造及退火后的机械加工，淬火回火后硬度高、热硬性好，耐磨性接近硬质合金	68～72	用于制造形状复杂的冲裁模、拉深模及高速冲裁中的主要工作零件
DC53(SKD11改良)	该材料具有高硬度、高强度、高耐磨性，淬火后经高温回火(520～530℃)减少了残余应力，电加工后的裂纹和变形得到抑制，其韧性在冷作模具钢中尤为突出，用基制造的工模具很少出现裂纹，极大地提高了使用寿命	62～63	用于制造精密冲压模，冷锻、深拉和搓丝用模具，高速冲裁冲头、不锈钢板凸模

（1）影响热作模具工作条件的主要因素

1）锻压设备的构造及特性。锻锤(包括空气锤、蒸汽锤、无砧座锤、高速高能锤)在工作时产生巨大的冲击吸收功，使毛坯在模具内成形，因此锻锤是在高温、高压、高冲击载荷下工作的。压力机(包括曲轴压机、摩擦压机、水压机、油压机)的加载速度较锻锤慢得多，因此机锻模具承受的载荷近于静载荷。

2）毛坯材料的性质。由于金属材料的不同，它们的熔点和锻造加热温度差别很大，模具的工作条件也各不相同。

3）模具的润滑及冷却方式。在锻压时采用适当的润滑剂可减少摩擦因数，使变形抗力下降30%～40%，这有助于减小模具的磨损以及减少断裂的危险性。为防止模具温度过高，热作模具必须采取冷却措施，正确而有效的冷却对提高模具的寿命至关重要。

4）模具的结构及制造质量。模具结构和几何形状对锻压力和模具寿命有很大的影响，为提高模具寿命，通常采取各种形式的组合凹模。模具工作表面粗糙度对疲劳抗力和摩擦力亦有很大影响。

（2）热作模具的失效形式

1）模具工作部位的塑性变形和型腔堆塌。

2）热疲劳。

3）热磨损。

4）断裂。

5）热熔蚀和冲蚀。

2. 常用的热作模具钢

常用热作模具钢的型号、主要特性、硬度及用途，见表2-2。

表2-2 常用的热作模具钢的型号、主要特性、硬度及用途

型号	主要特性	硬度(HRC)	用途
5CrNiMo	合金元素含量较低的热作模具钢，具有较高的淬透性和良好的韧性、强度、耐磨性，但容易出现白点	44~48	适合制造各种形状复杂、冲击载荷大、工作温度不太高、边长大于400mm的大中型锤锻模及热切边模
5CrMnMo	该钢除淬透性、热疲劳性稍差外，其他性能都和5CrNiMo相似	44~48	适合制造边长小于或等于400mm的中型锤锻模及热切边模
5CrMnMoSiV	由于增加了合金元素，使回火能力及淬透性增大，其使用寿命较上面两种材料有较大提高，但韧性不如5CrNiMo	44~49	适于制作中、小型锻模，不适于制作大型锤锻模
4Cr5MoSiV1 (H13) 4Cr5W2SiV	空冷硬化型热作模具钢，在较高温度(600℃)时具有较高的强度和硬度、高的耐磨性和韧性，并具有良好的热疲劳性	53~55	用来制造锤锻模、热挤压模、压力机模及合金的压铸模具
3Cr2W8V	该钢含有较多易形成碳化物的元素铬和钨，具有良好的淬透性，在较高温度(600~700℃)时具有较高的强度和硬度、热疲劳性能，但其韧性和塑性稍差	48~51	用于制造高温高应力下，而冲击负荷不大的凸模和凹模。如制造压铸模、热挤压模、精密锻造模和非铁金属成形模等
4Cr3Mo2MnVNbB (Y4)	新型热作模具钢，具有高的热强性、热稳定性、良好的韧性、导热性及工艺性能	49~50	制造铝合金压铸模，并可以代替3Cr2W8V钢制造中、小型压力机模具、热挤压等模具
4Cr5MoSiV (H11)	空冷硬化型热作模具钢，在中温下具有较好的热强性、高的耐磨性及工艺性能	53~57	用于制造铝合金压铸模，热挤压模、穿孔用工具、型芯、压力机锻模
5Cr3 7Cr3 4CrW2Si	该类钢具有良好的韧性、高的耐磨性、硬度及热硬性、优良的制造工艺性	43~45	用于制造热切边模
4CrMo2MnVNbB 4CrMo2NiVNbB 4Cr2Mo2MnVB 2CrMo2VNb	该类钢具有较好的淬透性、导热性、高温强度、良好的冷热疲劳性和热熔性、高的热稳定性及良好的加工工艺性	30~38	用于制造铜、铝合金压铸模

（续）

型　号	主要特性	硬度(HRC)	用　途
8047 （瑞典产）	该材料纯度高、晶粒组织细密，各向同性好，不论尺寸大小，韧性、延展性优良，高温强度高，热应力疲劳抗力强，良好的淬透性和热处理尺寸稳定性	32～38	适于制造锌、铝、铅压铸模、浇口套

三、塑料模具钢

1. 塑料模具钢的应用

长期以来，国内塑料模具制造业一直是采用热作模具钢和冷作模具钢来制造塑料模具，如最常用的5CrMnMo、5CrNiMo、3Cr2W8V、CrWMn、9Mn2V、20CrMnTi、38CrMoAl等材料。近年来为了适应高速发展的塑料成型加工业，已发展和形成了塑料模具钢体系，并制订了专用的技术条件和标准。对塑料模主要成型零件材料的基本要求为：

1）具有足够的强度和表面硬度，以抵抗高压熔融塑料的冲击和磨损。

2）具有良好的切削加工性能和抛光性能，以保证复杂型腔的加工和模具成型面的表面粗糙度。

3）热处理变形小，尺寸稳定性好。

4）热稳定性好，热膨胀系数小，以保证塑料件的尺寸精度。

5）具有良好的耐腐蚀性，以保证塑料件的表面质量，减少抛光工作、延长模具寿命。

2. 常用的塑料模具钢

常用的塑料模具钢的型号、主要特性、硬度及用途，见表2-3。

表2-3　常用的塑料模具钢的型号、主要特性、硬度及用途

型　号	主要特性	硬　度	用　途
S48C S50C S565C	属于中碳钢，主要化学成分(质量分数)C为0.5%，Si为0.35%，Mn为1.8%。与普通轧制材料相比，材质均匀，强度略高，疲劳性能较好，热处理时无回火，但淬透性较低	供货状态 170～220HBW	用于制造耐磨性要求高、动载荷及冲击性不大的零件。尤其适用于制造标准注塑模架及模板
3CrMo （P20）	该钢淬透性好，预硬度达28～32HRC，具有良好的切削加工性能和镜面研磨性能。可进行表面处理，如镀铬、氮化处理等	预硬 28～32HRC	采用预硬态供货，模具型腔在机加工后不需热处理即可投入使用，主要制造塑料模和低熔点金属压铸模
M238	此钢为P20加上1.1%（质量分数）的镍，故淬透性极佳，表面至中心硬度均匀一致，电蚀与抛光性能好，适宜氮化、镀硬铬及镀钛	预硬 30～34HRC	适用于制造高级、复杂的大、中小型塑料模具，适合电蚀操作
M202	钢经热处理预硬，切削、抛光性良好，型腔加工成型后不再淬火，确保薄壁处不变形，可火焰局部淬火，硬度更高	预硬 29～33HRC	适于制造要求较高的各种塑料模具
M300	该钢含铬量16%（质量分数），淬透性好，热处理预硬后内外均匀一致，抛光易达镜面，抗腐蚀性能优良	预硬 31～35HRC	适合制造有腐蚀性塑料的模具，适合加工PVC模具

（续）

型号	主要特性	硬度	用途
40CrMnMo（718）	高韧性、高耐磨性、具有良好的抛光性、光蚀刻花性能及机加工性能，热处理简单，变形小，表面可进行氮化处理或火焰硬化处理，以提高模具表面硬度和耐磨性	预硬 330～370HBW	用于制造高抛光镜面及高要求的模具型腔、大型注塑模具及拉深、吹塑模具等
2738	该材料为微合金真空除气特殊钢，具有高韧性、高强度及优良的切削性能、抛光性能和电蚀性能	预硬 280～325HBW	适于制造高抛光镜面的模具，对于厚度大于400mm的大型模具尤为合适
3Cr13（SUS420J2改良）	属于马氏体系不锈钢，具有良好的热处理尺寸稳定性，材质内外均匀，而蚀性、超级镜面性良好	预硬 30～34HRC	用于制造超镜面而腐蚀精密模具，如照相机部件、激光唱盘、透镜、表盖等
Y55CrNiMoV	系易切削塑料模具钢，模具加工后不需热处理，避免模具变形，保证尺寸精度，抛光性良好	预硬 28～34HRC	除了广泛应用于热塑性塑料外，还可应用于精密冲模导向板、热固性塑料模具等方面
10Ni3MnCuAl	该材料为新型析出硬化时效钢，具有优异的镜面加工性能，良好的冷热加工性和综合力学性能	预硬 30～35HRC	用于制造工作温度300℃左右，要求高镜面、高精度的各种注塑模，或部分增强塑料成型模
铍青铜及其铸造合金 275C165C10	该材料强度、硬度相对较高，耐磨、耐蚀性能良好，脱模效果佳，热导率极高		用于制造高精度和形状复杂的各种模具，尤其适合制造难脱模、要求具有良好冷却的型芯、镶件、电极材料、压铸机冲头

随着科学技术的高速发展，新技术、新工艺、新材料不断涌现，特别是最近我国的模具制造业得到了空前的发展，但与之相关的模具材料却明显滞后，尤其是高级、精密、复杂的塑料模具材料仍然主要依赖进口，而进口材料的价格是国产材料的数倍，严重制约了塑料模具的发展，使模具材料在总成本中占有较大的比例，有的甚至达到了60%。为了改变现状，提高我国模具在国际市场上的竞争力，急需研制出质优价廉、能取代进口材料的新材料，促进模具行业赶超世界先进水平。

第二节　我国模具材料的发展

我国的模具生产发展较快，在一定程度上满足了对模具的需要，逐渐发展成为国民经济的基础工业。最近国家把模具制造列为机电工业发展序列的第二位，为振兴模具工业创造了有利的条件。

模具制造的首要问题是模具材料，新中国成立以来我国模具钢生产技术发展较快，从无到有，从仿制到自己开发，目前我国模具钢的产量已跃居世界前列。经过几次钢种整顿的标准修正，在GB/T 1299—2000《合金工具钢》标准中包含了37个钢种，基本上形成了具有我国特色的模具钢系列。

近年来，随着模具工业的发展，我国自行开发了一些新型模具材料，同时在模具钢的生产技术、品种质量、工艺装备、科技开发及材料应用等方面都得到了较大的发展。

一、冷作模具钢的发展

目前我国常用的冷作模具钢仍是低合金钢(CrWMn)和高碳高铬工具钢(Cr12、Cr12MoV)等老的钢号。CrWMn钢有适当的淬透性和耐磨性，但在热加工和热处理时仍存在一些问题。高碳、高铬工具钢虽然有较高的硬度和较高的耐磨性，但其碳化物偏析较严重，导致变形的方向性和强韧性的降低，如果碳化物偏析过于严重易造成模具热处理后断裂。

为了改善这类钢的强韧性，除了在工艺上进行改进外，我国又开发了一些新的冷作模具钢。

1. 低合金冷作模具钢

在中小工厂，简单模具可选择高碳钢如T8A、T10A钢等，但高碳钢淬透性差、淬火变形大、耐磨性差、韧性和回火稳定性都较差，因此不能制造形状复杂、精度要求高、承载力较大的工模具。

为适应工模具性能需要发展高碳低合金钢，它是在碳素工具钢的基础上加入适当的合金元素如铬、镍、锰、钼、钛、钨、钢、硅等冶炼而成的。常用的模具钢有CrWMn、9SiCr、9Mo2V、GCr15等，合金元素的加入提高了钢的淬透性，油冷代替水冷降低了模具的变形和开裂的倾向，马氏体在回火时不易分解，分解后析出的碳化物也不易聚集长大，低温回火后有较高的强韧性和耐磨性，模具使用寿命较碳素工具钢有了较大的提高。

但这类钢在热加工后应严格控制冷却速度，并需要采用适当的热处理，否则容易形成网状碳化物。

近年来我国又研制了一些新型低合金冷作模具钢。这类钢的主要特点是工艺性好、淬火温度低、热处理畸变小、强韧性好，并且有适当的耐磨性，如GD(6CrMnNiMoVSi)钢、CH-1(7CrSiMnMoV)钢、DS(6CrNiWMoV)钢等。GD钢中加入了少量Ni、Si，既强化了基体又提高了低温回火抗力，Mo和V的加入可细化晶粒，用于制造易崩刃、断裂的模具以提高使用寿命。CH-1钢的成分与日本的SXl05V钢相同，是一种火焰淬火钢，常用于制造汽车等生产线上用的模具零件，火焰淬火时加热模具刃口，切料面硬化层下有一个高韧性的基体做衬垫，从而使模具获得较高的使用寿命。DS钢是一种抗冲击冷作模具钢，其韧性显著优于常用的高韧性刀片用工具钢。

2. 韧性较高的高碳高合金耐磨冷作模具钢

常用的高碳高合金耐磨冷作模具钢有Cr12、Cr12MoV钢等。它们都是莱氏体钢，其组织中有大量共晶碳化物。淬火后有大量残余奥氏体，热处理后变形小、耐磨性高、承载力大。长期以来在国内大、中型冷作模具中得到广泛应用。

Cr12、Cr12MoV钢耐磨性好，但其韧性差，并且常常因碳化物偏析引起热处理后的断裂。为了克服这种缺点，国内进行了大量的研究工作。一方面引进国际通用的高碳高铬工具钢D2(Cr12Mo1V1)钢，D2钢的碳化物偏析较Cr12MoV钢略有改善，强度和韧性略有提高；另一方面又不断研究开发新的钢种。

为了改善Cr12型冷作模具钢的碳化物偏析，提高其韧性，并进一步提高钢的耐磨性，目前我国开发了不少新的钢种。如LD(7Cr7Mo2Si)钢、GM(9Cr6W3Mo2V2)钢和ER5

(CR8MoWV3Si)钢等。在这些钢中适当降低了碳和铬的含量以改善碳化和偏析，增加了钨、钼和钒的含量以增加二次硬化的能力和提高耐磨性。与 Cr12 型模具钢相比，这类钢的碳化物偏析有所改善，有较高的韧性，比 Cr12 型冷作模具钢有更好的耐磨性，因而提高了冷作模具的寿命，更适合于高速冲床和多工位冲床上使用。

3. 基体钢

基体钢一般指其成分与高速钢、淬火组织中基体化学成分相同的钢。我国研制了一些基体钢，如 65Nb(65Cr4W3Mo2VNb)钢、012Al(5Cr4Mo3SiMnVAl)钢、CG-2(6Cr4Mo3Ni2WV)钢、LM1(65W8Cr4VTi)钢、LM2(65Cr5Mo3W2VSiTi)钢、5Cr4Mo2W2SiV 钢、RM2(5Cr4W5Mo2V)钢等。这些基体钢的主要特点是其含碳量稍高于高速钢基体的含碳量，以增加一次碳化量和提高耐磨性。一些钢还加入少量的强碳化物形成元素铌和钛，以形成比较稳定的碳化物，阻止淬火加热时晶粒的长大，并改善了钢的工艺性能。这类钢淬火后过剩碳化物数量少、细小均匀，从而使钢的韧性和抗冷热疲劳性能进一步得到改善。

这类基体钢已广泛地应用于制造冷挤压、厚板冷冲、冷镦等模具，特别适于制造难变形材料用的大型复杂模具，还可以用作钢铁材料的热挤压模具，是一种较好的冷热兼用模具钢。

4. 钢结硬质合金

我国于 20 世纪 60 年代已开始研究钢结硬质合金，钢结硬质合金由于具有优良的耐磨性，已经在较大范围内用于高耐磨的冷作模具，其中具有代表性的牌号有以 TiC 为硬质相的 GT35、R5、D1、T1 等和以 WC 为硬质相的 TLMW50、GW50、GJW50 等。

钢结硬质合金与硬质合金相比，具有可以切削加工、可以锻造、焊接、热处理，以及韧性和综合力学性能较好、成本较低等特点。

钢结硬质合金已用于制造冷镦模、挤压模、拉深模、冲裁模、拉丝模、热镦模等，使用寿命比模具钢模具提高几倍到几十倍。

二、热作模具钢的发展

我国通用型热用模具钢原来主要有 5CrNiMo 钢、5CrMnMo 钢和 3Cr2W8V 钢 3 个钢号。5CrMnMo 钢主要用于制造大、中型锻模，其淬透性不高，力学性能也不能满足大截面锻模对力学性能的要求。3Cr2W8V 钢广泛用于制造钢铁材料和非铁金属热挤压模及 Cu、Al 合金的压铸模，这种钢的热稳定性高，使用温度达 650℃，但钨系热作模具钢导热性低，冷热疲劳性差。

我国在 20 世纪 80 年代初引进了国外通用的铬系热作模具钢 H13(4Cr5MoSiVl)钢，H13 钢有良好的冷热疲劳性，在使用温度不超过 600℃时代替了 3Cr2W8V 钢，模具使用寿命有大幅度的提高，因此 H13 钢迅速得到推广使用，其产量超过了 3Cr2W8V 钢。

为了适应压力加工的新工艺、新设备，对模具钢在强韧性和热稳定性方面提出了更高的要求，目前我国研制了不少新型热作模具钢，主要有：

1. 锤锻模具钢(又称高韧性热作模具钢)

此类钢中碳的质量分数一般在 0.5% 左右，合金元素总质量约占总质量的 3%。传统性的热作模具钢是 5CrMnMo、5CrNiMo 等，但其淬透性不能满足大截面锤锻模的要求，并且使用温度不超过 500℃。为解决此问题，通过对国内外锻模钢进行大量的分析、对比和研究，研发了一系列提高合金含量的高淬透性热锻模具钢 3Cr2MoWVNi 钢、45Cr2NiMoVSi 钢和

5Cr2NiMoVSi 钢。这 3 种钢均是在 5CrNiMo 钢的基础上适当降低碳的质量分数，提高了 Cr 和 Mo 的质量分数并加入适量的 V 和 Si，提高了钢的淬透性。钢在回火时由于析出 M2C 和 MC 型碳化物而呈现二次硬化，其热稳定性比 5CrNiMo 钢高出 150% 以上。45Cr2NiMoVSi 钢的碳和硅较 5Cr2NiMoVSi 钢稍有降低，更适宜于做锤锻模。这类钢用于制造 4000t 以上机械压力机锻模和 3t 以上锤锻模，在使用寿命方面 5CrNiMo 和 5CrNiMoV 钢提高了 0.5 ~1.5 倍。3Cr2MoWVNi 钢也是我国开发的一种热锻模用钢，有较高的使用寿命。

2. 热挤压模具钢(又称高热强模具钢)

高热强性模具钢一般用于热挤压模、压型模、压铸模等模具，由于模具和高温工件长时间接触，使模具本身温度升高，易造成模具型腔(凹模)堆塌、磨损、表面氧化和热疲劳等，因此要求模具钢有较高的高温强度、硬度和热稳定性、良好的耐磨性和抗氧化性能、较高的热疲劳性能和断裂韧度。

传统的热作模具钢是 3Cr2W8V 钢，其中钨的质量分数在 8% 左右，辅以适当的钒。这样可以得到明显的二次硬化效果，热硬性、热强性、回火稳定性都较高。钢中低的含碳量能够保证模具具有一定的韧性和良好的导热性能，适当的碳的质量分数能够保证钢的淬透性，提高模具表面的抗氧化性能而不至于形成太多的碳化物，能在 600 ~650℃ 长期工作，为此较长时期内在热作模具生产中得到了广泛的应用。但是，高钨钢有脱碳倾向，模具磨损较快、粘模严重，并极易出现模具早期疲劳裂纹，若再加上炼钢时的不慎，3Cr2W8V 钢中元素偏析严重，共晶碳化物数量增加，易造成模具脆裂报废。

新工艺的发展使一些热作模具钢的工作温度不断提高。工作条件日益苛刻，传统的 3Cr2W8V 型高合金热作模具钢已不能适应要求，因此，根据模具不同用途引进和研发了新的热作模具钢种。

20 世纪 80 年代，国内引进并推广应用的 H13(4Cr5MoSiV1)钢，是国内外广泛应用的热作模具钢。在使用温度不超过 600℃时，有良好的冷热疲劳性能，其综合性能较好，常用于热挤压模和铝合金压铸模，并有较高的使用寿命。目前在国内其年产量和使用量已居热作模具的首位。但 H13 钢有较大的尺寸效应，国外采用炉外精炼、高温扩散退火等锻造工艺以改善尺寸效应、减少铬和钼的成分偏析，国内多采用电渣重熔等工艺。同时在引进外国钢种的同时，国内又研制了许多韧性好、热稳性高的热挤压用热作模具钢，主要可分为下列几种类型：

(1) 中合金高热强性热作模具钢　中合金高热强性热作模具钢是在国外钼系 4Cr3Mo3SiV(H10)钢和铬系 4Cr5MoSiV1(H13)钢的基础上发展起来的，在合金化方面有自身的特色。如我国开发的 HM1(3Cr3Mo3W2V)钢、TM(4Cr3Mo2WMnVNb)钢、012Al(5Cr4Mo3SiMnVAl)钢、Y4(4Cr3Mo2MnVNbB)钢、Y10(4Cr5Mo2SiV)钢、HD(4Cr3Mo2VNiNbB)钢和 CH75(4Cr3Mo2VSi)钢等，这些钢在保持较好的强韧条件下，具有高的稳定性，分别用来制造热挤压模、精密锻造模、非铁金属压铸模等，并具有良好的使用效果。

(2) 沉淀硬化型热作模具钢　沉淀硬化型热作模具钢碳的质量分数较低，一般在 0.2% 左右。含有一些沉淀硬化的合金元素如 V、Nb、Ni、Al、Mo 等，经淬火后，采用较低温度回火(约为 400℃)，硬度可达 40HRC。由于其碳的质量分数低，中温回火后的组织为板条状低碳马氏体，具有良好的韧性，而且具有良好的可加工性，可以进行型腔加工。在使用过程中，与高温工件接触的工作表面被工件加热到钢的沉淀硬化温度(500 ~600℃)，此时模具表面受热而析出碳化物导致二次硬化，硬度可达45～48HRC，但心部组织未发生转变。该种热作模具钢同时具有表面层所需的高温强度和心部的高韧性，可以提高模具的使用寿命。其典型牌号有YHD3和DH76。

（3）低碳高速钢和基体钢 20世纪70年代以来，我国发展的低碳高速钢和基体钢有效地解决了高速钢的碳化物不均匀分布和韧性差的问题，其抗弯强度和冲击韧度都比高速工具钢明显提高，如我国研制的6W6Mo5Cr4V钢、6Cr4W3Mo2VNb钢、65W8Cr4VTi钢、5Cr4W5Mo2V钢等，这些钢由于综合性能好，既可以用于热作模具材料，也可以用于制造高性能的冷作模具。

（4）奥氏体型热作模具钢 近年来，为了适应工作温度达700～800℃的热作模具的需要，且满足耐高温、耐腐蚀和抗氧化而发展起来的奥氏体型热作模具钢，这类钢一般都含有较高的镍锰等奥氏体形成元素，同时也加入了一定量的碳、氮、铬等使奥氏体变得更加稳定，这样在任何状态下均能保持奥氏体组织。其中Cr14Ni25Co2V钢、4Cr14Ni14W2Mo钢属于铬镍系奥氏体耐热钢，而5Mn15Cr8Ni5Mo3V和7Mn10Cr8Ni10Mo3V钢为高锰系奥氏体钢。奥氏体钢在固溶时效后在700～800℃仍保持较好的强度，一般用于制造在高温工作下的模具。但这类钢导热性差、热膨胀系数大，降低了钢的热疲劳性能，不适用于强水冷的模具。

三、塑料模具钢的发展

我国塑料成型模具产值在模具工业总产值中占首位，相对应的塑料模具钢用量亦占全部模具用钢量的50%以上。

过去我国没有专用的塑料模具用钢，一般塑料模具用正火的45钢或40Cr钢经调质后制造。模具硬度低、耐磨性差和表面粗糙度值高，加工出来的塑料产品外观质量较差，同时模具使用寿命低。精密塑料模具及硬度高的塑料模具由CrWMn、Cr12MoV等合金工具钢制造，但其机械加工性能差，且难于加工复杂的型腔，更无法解决热处理变形问题。

近年来，在引进国外塑料模具钢的同时，我国自行研制和开发了一批新型塑料模具专用钢。大致可分为以下4类：

1. 预硬型塑料模具钢

预硬型塑料模具钢在钢厂经过充分锻打后制成模块，并预先热处理至要求的硬度，一般调质到30～35HRC后供使用单位制造模具。P20（3Cr2Mo）、718（3Cr2NiMo）是国际上使用最广泛的预硬型塑料模具钢，目前已列入我国合金工具钢标准（GB/T 1299—2000），并在我国得到较为广泛地应用，使模具的加工质量和寿命有所提高。

预硬型塑料模具钢主要用于制造长寿命的、形状复杂的、尺寸精度要求高的大、中型塑料制品用模具。

2. 易切削预硬钢

为改善预硬型塑料模具钢的可加工性，在预硬钢中加入易切削元素如S、Pb、Ca等而形成了易切削预硬钢。我国研制了一些含硫易切削预硬型塑料模具钢如8Cr2S（8Cr2MnWMoVS）钢、SM1（Y55CrNiMnVS）钢和S-Ca复合易切削预硬型塑料模具钢5NiSCa（5CrNiMnVSCa）钢等，显著改善了钢在高硬度下的可加工性。但S系易切削钢的各向异性较大，在截面增大时硫化物的偏析化比较严重。5NiSCa钢采用了S-Ca复合易切削和喷射冶金技术，从而改善了硫化物的形态、分布和各向异性，在大截面中硫化物的分布仍比较均匀，从而具有较高的淬透性和镜面抛光性，并且硬度在35～45HRC时可顺利地进行各种加工。

3. 时效硬化型塑料模具钢

为了避免复杂、精密、长寿命的塑料模具在淬火热处理中产生的变形，我国发展了一系列时效硬化钢。我国近年来研制的时效硬化钢有 25CrNi3MoAl、PMS(10Ni3MnCuAlMoS)、SM2(20CrNi3AlMnMo)和 06Ni(06Ni6CrMoVTiAl)等。

时效硬化型塑料模具钢在固溶处理后硬度很低(一般≤30HRC)，可以很容易地进行切削加工，并在加工完成后进行低温时效硬化处理，以获得要求的综合力学性能和耐磨性。由于时效处理变形很小，时效处理后不需再进行切削加工，为此可得到精度很高的模具成品，且使用寿命高于预硬型塑料模具钢。

4. 冷挤压成型塑料模具钢

一些型腔复杂的塑料模具采用冷挤压的方法在淬硬的制品上直接压制出型腔来，可以省去型腔的切削加工，适用于成批生产的模具。模具加工后经过渗碳、淬火、低温回火后，具有高硬度、高耐磨性的表面和韧性良好的心部组织，可以制造各种要求耐磨性好、良好心部韧性的模具。

冷挤压成型塑料模具钢碳的质量分数很低，一般为0.1%~0.2%，硬度低，保证其在正常温度下具有高塑性和低的变形抗力，以便进行型腔的冷挤压。

我国的冷挤压成型塑料模具一般采用低碳钢和低碳合金钢，如 15、20、20Cr、12CrNi2、12Cr2Ni3、20Cr2Ni4 和 20CrMnTi 钢等。我国研究的 LJ 钢即为专用的冷挤压成型塑料模具钢，其化学成分(质量分数)为：C≤0.08%，Mn≤0.30%，Si≤0.20%，Cr≈3.50%，Ni = 0.50%，Mo≈0.40%，V = 0.12%。冷挤压成型后经渗碳淬火和低温回火，表面硬度为 58 ~ 62HRC，心部硬度为 28HRC，模具耐磨性好，无塌陷及表面剥落现象，可用于制造形状复杂和受载荷较高的塑件成型模具。

5. 非调质塑料模具钢

非调质塑料模具钢不经调质处理，锻、轧后即可达到预硬硬度，有利于节约能源、降低生产成本、缩短生产周期。我国开发的这类钢有中碳锰硼系空冷贝氏体钢，可用于制造塑料模和橡胶模。如 3Cr2MnMoVS 钢，在空冷条件下，100mm 厚的截面上硬度可以达到 40HRC 左右。非调质塑料模具钢 2Mn2CrVTiSCaRe(FT)钢中加入了 S、Ca、Re 作为易切削元素，比 S-Ca 复合系易切削塑料模具钢有更好的切削性能。低碳 Mn、Mo、V、B 系非调质，贝氏体型大截面塑料模具钢(B30)，钢中加入 S、Ca 作为易切削元素，工业试生产表面 400mm 厚板坯热轧后空冷，硬度沿截面分布较均匀。这类钢可能会在一定的范围内作为预硬钢得到推广和应用。

6. 耐腐蚀塑料模具钢

塑料制品在以化学性腐蚀塑料为原材料时，模具需具有防腐蚀性能，一般采用耐蚀钢。同时模具还需要有较好的耐磨性，常采用马氏体不锈钢和沉淀硬化型不锈钢，具体有 3Cr13、4Cr13(420)、9Cr18、0Cr17Ni4CuNb 等钢。PCR(0Cr16Ni4Cu3Nb)钢是我国自行开发的一种耐蚀塑料模具钢，具有较好的综合力学性能和良好的抗蚀性。

四、我国模具材料发展展望

我国模具钢产量已居世界前列，形成了我国自己的模具钢系列，建成了不少先进的生产工艺装备。20 世纪 70 年代以来，国内陆续推广了炉外精炼、电渣重熔等新工艺、新技术，由此生产的模具钢产品质量可以与国外钢的质量相提并论。

然而，我国的模具钢在生产技术、产品质量等方面与先进国家相比存在着很大的差距，很多制造大型、精密、长寿命模具的钢材仍需由国外进口。因此，我国仍需不断开拓创新，以扩大模具的品种规格，积极推广应用性能较好的通用型模具钢如 Cr5Mo1V、Cr12Mo1V1、Cr5MoSiV1 等，并推广一些性能较好的新型模具钢如 CH-1、LD、HD 等，并结合我国模具工业的发展，形成我国新的模具钢系列，以满足高性能、长寿命的模具生产的需要，努力提高我国模具技术水平。

第三节　模具材料的热处理

一、模具材料的热处理对模具性能的影响

模具材料的热处理是保证模具性能的重要工艺过程。它对模具的性能有着直接的影响。

1. 对模具制造精度的影响

热处理后的组织转变不均匀、不彻底及热处理形成的残余应力过大等，会造成模具在热处理后的加工、装配和模具使用过程中的变形，从而降低模具的精度，甚至报废。

2. 对模具强度的影响

热处理工艺制订不当、热处理操作不规范或热处理设备状态不完好等，都会造成被处理模具强度(硬度)达不到设计要求。

3. 对模具工作寿命的影响

热处理造成的组织结构不合理、晶粒度超标等，会导致主要性能如模具的韧性、冷热疲劳性能、抗磨损性能等下降，影响模具的工作寿命。

4. 对模具制造成本的影响

作为模具制造过程的中间环节或最终工序，热处理造成的开裂、变形超差及性能超差等情况，大多数情况下会使模具报废，即使通过修补可继续使用，也会增加工时，延长交货期，从而提高模具的制造成本。

热处理技术与模具质量有十分密切的关联性，这使得这两种技术在现代化的进程中，相互促进，共同提高。20 世纪 80 年代以来，国际模具热处理技术发展较快的领域是真空热处理技术、模具的表面处理技术和模具材料的预硬化技术。

二、模具的真空热处理技术

真空热处理技术是近些年发展起来的一种新型的热处理技术，它具备模具制造中所迫切需要的特点，比如防止加热氧化和不脱碳、真空脱气或除气、消除氢脆等，从而提高材料(零件)的塑性、韧性和疲劳强度。由于真空加热缓慢、零件内外温差较小等因素，决定了真空热处理工艺造成的零件变形小等。

按采用的冷却介质的不同，真空淬火可分为真空油冷淬火、真空气冷淬火、真空水冷淬火和真空硝盐等温淬火。模具真空热处理中主要应用的是真空油冷淬火、真空气冷淬火和真空回火。为保持工件(如模具)真空加热的优良特性，冷却剂和冷却工艺的选择和制订至关重要，模具淬火过程主要采用油冷和气冷两种冷却方法。

真空淬火的工件(模具)，可以提高与表面质量相关的力学性能，如疲劳性能、表面粗糙度、耐腐蚀性等，为此，对于热处理后不再进行机械加工的模具工作面，淬火后尽可能采用真空回火。

热处理过程的计算机模拟技术(包括组织模拟和性能预测技术)的成功开发和应用，使得模具的智能化热处理成为可能。由于模具生产的小批量(甚至是单件)、多品种的特性，以及对热处理性能要求高和不允许出现废品的特点，使得模具的智能化热处理越来越重要。模具的智能化热处理一般包括：明确模具的结构、材料、热处理性能要求；模具加热过程温度场、应力场分布的计算机模拟；模具冷却过程温度场、相变过程和应力场分布的计算机模拟；加热和冷却工艺过程的仿真；淬火工艺的制订；热处理设备的自动化控制技术。在真空高压气淬方面，美国、日本等发达国家已经开展了主要针对模具热处理过程的计算机模拟技术研发。

三、模具的表面处理技术

模具在工作中除了要求基体具有足够高的强度和韧性的合理配合外，其表面性能对模具的工作性能和使用寿命至关重要。这些表面性能主要包括耐磨损性能、耐腐蚀性能、摩擦因数、疲劳性能等。单纯依赖基体材料的改进和提高来改善模具整体性能是非常有限的，且不经济，而通过表面处理技术往往可以收到事半功倍的效果，这也正是表面处理技术得到迅速发展的原因。

模具的表面处理技术是通过表面涂覆、表面改性或复合处理技术，以改变模具表面的形态、化学成分、组织结构和应力状态，从而获得所需表面性能的系统工程。按表面处理的不同方式，又可分为化学方法、物理方法、物理化学方法和机械方法。虽然旨在提高模具表面性能的处理技术不断涌现，但在模具制造中应用较多的主要是渗氮、渗碳和硬化膜沉积三种方法。

由于渗氮技术可形成性能优良的表面，并且渗氮工艺与模具钢的淬火工艺有良好的协调性，同时渗氮温度低，渗氮后不需激烈冷却，模具的变形极小，因此渗氮技术在模具表面强化上的采用较早，同时也是应用最广泛的。渗氮工艺有气体渗氮、离子渗氮、液体渗氮等方式，每一种渗氮方式中都有若干种渗氮技术，可以适应不同钢种、不同工件的要求。

模具渗碳的目的，主要是为了提高模具的整体强韧性，即模具的工作表面具有高的强度和耐磨性。为此，可用较低级的材料通过渗碳淬火来代替较高级别的材料，从而降低制造成本。

硬化膜沉积技术最早在工具(刀具、刃具、量具等)上应用，效果极佳，多种刀具已将涂覆硬化膜作为标准工艺。模具行业自20世纪80年代开始采用涂覆硬化膜技术，目前较成熟的是化学气相沉积和物理气相沉积。为了增加膜层工件表面的结合强度，现在发展了多种增强型化学气相沉积和物理气相沉积技术。在目前的技术条件下，硬化膜沉积技术的成本较高，只在一些精密、长寿命的模具上应用。若硬化膜沉积技术在模具中得到普遍应用，可以整体提高我国的模具制造水平。

四、模具材料的预硬化技术

模具在制造过程中进行热处理是绝大多数模具长时间沿用的一种工艺。20世纪70年代初，国际上就提出预硬化的想法，但由于加工机床刚度和切削刀具的制约，预硬化的硬度无法达到模具的使用硬度，所以预硬化技术的研发发展较缓慢。随着加工机床和切削刀具性能的提高，模具材料的预硬化技术开发速度加快，到20世纪80年代，国际上工业发达国家在塑料模用材上使用预硬化模块的比例已达到30%(目前在60%以上)。我国在20世纪90年代中后期开始采用预硬化模块(主要用国外进口产品)。

模具材料的预硬化技术主要通过调整钢的化学成分和配备相应的热处理设备，生产大批量质量稳定的预硬化模块。我国在模具材料的预硬化技术方面起步晚、规模小，目前还不能满足国内模具制造的要求。

采用预硬化模具材料，可以简化模具制造工艺，缩短模具的制造周期，提高模具的制造精度。随着加工技术的进步，预硬化模具材料会用于更多的模具类型。

五、扩散法金属碳化物覆层技术

通过在工件表面形成超硬化合物膜层的方法，是大幅度提高其耐磨、抗咬合(抗粘结)、耐蚀等性能，从而大幅度提高其使用寿命的有效而经济的方法。目前，工件表面超硬化处理方法主要有化学气相沉积(CVD)，物理气相沉积(PVD)，物理化学气相沉积(PCVD)，扩散法金属碳化物履层技术等。其中，CVD 法具有膜基结合力好、工艺绕镀性好等突出优点，但对于大量的钢铁材料而言，其后续基体硬化处理比较麻烦，稍有不慎，膜层就易破坏，因此其应用主要集中在硬质合金等材料上。PVD 法具有沉积温度低、工件变形小的优点，但由于膜层与基体的结合力较差，工艺绕镀性不好，往往难以发挥超硬化合物膜层的性能优势。PCVD 法沉积温度低，膜基结合力及工艺绕镀性均较 PVD 法有较大改进，但与扩散法相比，膜基结合力仍有较大差距，此外出于 PCVD 法仍为等离子体成膜，虽然绕镀性较 PVD 法有所改善，但无法消除。

由扩散法金属碳化物覆层技术形成的金属碳化物覆层，与基体形成冶金结合，具有 PVD、PCVD 无法比拟的膜基结合力，因此该技术真正能够发挥超硬膜层的性能优势，此外，该技术不存在绕镀性问题，后续基体硬化处理方便，并可多次重复处理，使该技术的适用性更为广泛。

扩散法金属碳化物覆层技术可以广泛应用于各类因磨损、咬合而引起失效的工模具或机械零件。其中，因磨损而引起的失效(如冲裁、冷镦、粉末成形等模具)可提高寿命数倍至数十倍。因咬合而引起的产品或模具的拉伤问题(如拉深模、翻边模等)，可以从根本上得到解决。

复习思考题

1. 简述我国模具材料的分类及用途。
2. 简述我国常用模具钢选用的基本原则。
3. 简述我国模具材料的发展趋势。
4. 简述模具材料热处理的基本方法。

第三章　模具制造工艺与材料成型方式

本章应知

1. 了解气辅成型技术、热流道技术、低熔点合金制模技术、粉末合金与陶瓷成型技术和电磁成型技术的原理。

2. 了解气辅成型技术、热流道技术、低熔点合金制模技术、粉末合金与陶瓷成型技术和电磁成型技术的应用范围和发展趋势。

本章应会

1. 掌握气辅成型技术的设计原则和特点。
2. 掌握热流道技术的应用和技术特点。
3. 掌握低熔点合金技术在快速制模中的应用。

第一节　气辅成型技术

气辅成型技术主要是利用高压气体在塑料成型过程中，在塑料件内部产生中空截面，形成模具以机械运动难以形成的产品结构状态，达到一些产品的高强度、微变形、表面质量高等要求，同时也节约了原材料，对缩短成型周期、提高生产效率、简化模具设计、降低模具腔内压力、延长模具使用寿命等有明显的经济效应。

气辅成型技术分为两个阶段：第一阶段是在塑料熔体凝固前期注入高压气体，将气体送至希望到达的地方；第二阶段是在塑料冷却收缩过程中继续注入气体以吹涨收缩中的塑料，使产品符合设计要求。

根据成型的不同工艺过程，气辅成型技术可分为标准成型法、副腔成型法、熔体回流法和活动型芯法四种。

一、气辅成型原理

气辅成型(GAM)是指在塑胶充填型腔到适当的时候(90%~99%)注入高压惰性气体(一般为氮气)，并由气体推动熔融塑胶继续充填至填满型腔，然后用气体保压来代替塑胶保压过程的一种注塑成型技术(图 3-1)。

气体的功能如下：

1）驱动塑胶流动以继续填满模膛。

2）形成中空管道，减少塑料用量，并减轻成品重量，缩短冷却时间以及更有效传递保压压力。气辅成型可降低压力且使保压更为有效，并能防止成品收缩不均及变形等。

二、气辅成型技术的特点

1）减少残余应力，改善翘曲缺陷。传统注射成型需要足够的高压，用以推动塑胶由主流道流至充填末端，高压会造成高流动切应力，其残余应力会造成产品变形。气体辅助注射利用气体穿透形成中空气道，能有效传递压力，降低内应力，还可以减少了产品发生翘曲的概率。

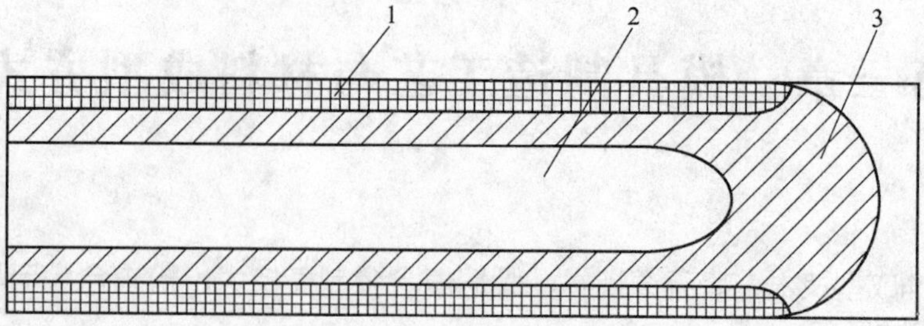

图 3-1 气辅成型原理

1—凝固层 2—气道 3—熔融塑胶

2）提高表面质量。传统注射产品由于物料收缩不均，会在厚部区域如肋部背后形成凹陷痕迹。但气辅成型则可通过中空气体管道施压，促使产品收缩时由内部向外进行，使成型后的产品在外观上没有明显缩痕。

3）降低锁模力。为防止塑胶溢出，传统注塑保压阶段需要高锁模力。而采用气辅成型所需的保压压力不高，一般可降低锁模力达 25%~60% 左右。

4）缩短成型周期，提高生产效率。传统注射成型时注射过程基本分为 3 个阶段：充填段、压缩段、保压段。而气辅成型的注射过程只有一个充填阶段，也就是螺杆在充填满模腔后立刻回料，它的压缩段与保压段在回料的同时由高压气体保压来完成，因此可使生产效率提高 20% 左右。

5）节省原料。由于气辅成型产品在设计时可将壁厚减薄，同时在注射时不需满料注射，因此可节省原料的 5%~20%。

6）拓宽产品设计范围。由于有气体补缩，使设计壁厚不均匀的产品成为可能。

三、气辅模具的设计原则

气道是引导气体穿透的走道，同时它也是产品的一部分。有些气道是根据产品结构自然形成的，如较厚的肋等，但为了能使气体按设计好的路径穿透，必须在产品适当位置加上引导气体的气道。

在设计上，影响气体穿透的主要因素取决于气道的大小与形状、气道的位置。气道形状根据所在位置可分为以下几种，如图 3-2 所示。

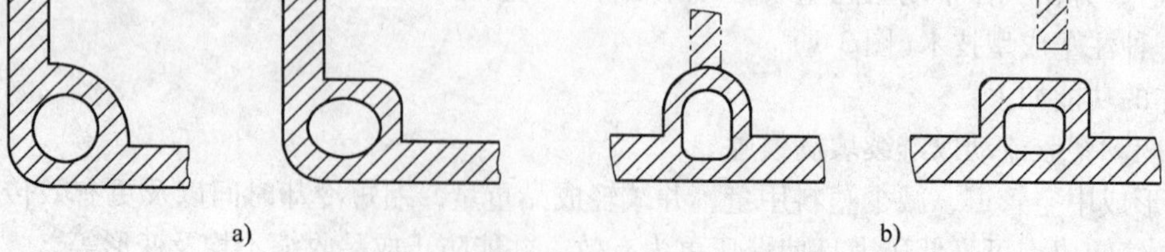

图 3-2 气道形状

a）角部气道截面 b）平面或肋根部气道截面

气道的大小一般约为壁厚的 2 ~3 倍，但也可根据产品的结构、大小作具体调整。气道不能太大，否则由于塑料在充填时因气道处厚度大，会引导塑料加速流动，即所谓“跑道效应”。当跑道效应明显时会使薄壁处充填减速而产生各种问题，如困气、烧焦、气体渗透或吹穿等。气道也不能太小，否则气体穿透就不会沿气道方向而渗透到薄壁处，导致产品强度降低并影响表面质量。

气道布置要符合气体沿最短路径从高压往低压(最后充填处)穿透这个原则。往往在浇口处压力较高，在充填最末端压力较低。同时布置气道时也要充分考虑产品表面质量及强度问题。主要注意事项如下：

1）气道应根据塑胶流动方向布置，尽量使气体穿透方向与塑胶流动方向一致。

2）气道要避免形成回路。

3）气道要布置均衡，使气道末端也能穿透气体，保证气体只在气道中穿透而不进入薄壁部分。

4）主气道可沿角部或筋位设计，同时要求设计尽量简单，便于气体穿透。

四、产品设计的原则

气辅产品在结构设计时就要考虑气道的设计和分布、结构对气辅成型工艺条件的影响等因素，某些传统结构要按照气辅设计的要求作修改。气辅产品设计要点如下：

1）产品若有大面积的厚壁需适当减薄，这样可节省材料。

2）气辅产品允许壁厚不均匀。在设计肋、螺柱等结构时，可充分考虑产品结构强度，使产品简单化。

3）肋应尽量等间距排布，同时肋不可分布过密。若肋的排布不均匀，在气体保压阶段气体补缩将不平衡，可能造成有些肋位不能进气，开模后在这些部位形成缩痕。若肋分布过密，在生产中会使工艺可调性变差，造成缩痕等表面缺陷，使废品率上升。

第二节　热流道技术

热流道技术是目前广泛应用于塑料注射工艺过程的一项先进技术。它安装于注塑模具上，位于与注塑机相连接处，与模具本体隔热安装。热流道系统相当于将注塑机的喷射系统重新分布并延伸至模具型腔的进料口，通过电热元件作用并配以精确的温度控制，使流道系统内的塑料在注射成型过程中始终处于熔融状态，射出压力保持最小的损失，实现无冷凝废料柄的注射成型。

在传统的注塑工艺中，注塑机与模具间采用直接连接，即所谓冷流道。这种工艺导致注塑过程中产生大量废料，同时由于废料是被加热过的，所以这些用于加热废料的能量也被浪费。另外，由于冷流道造成注塑件的内应力过大，导致产品物理性能的下降。和传统冷流道注塑成型相比，热流道技术能够节约大量原材料、提高产品表面质量及力学性能、降低注塑压力、缩短成型周期，可大大提高设备利用率和生产效率，广泛适用于绝大多数塑料原料。热流道技术的推广和应用具有丰厚的经济回报和重大的环保意义。

一、热流道注塑模具的特点

传统的冷流道模具与热流道模具的区别从图 3-3 所示和图 3-4 所示可清楚看出：图 3-3 所示为成型模产品的冷流道示意图，注塑完成后，除产品外还会留下主流道 1、主流道 2 和分流道的冷却料柄。当在流道上增加一个热流道喷嘴后，主流道 1 的冷却料柄便没有了。当设置两只热流道喷嘴时(图 3-4)，主流道 2 的冷却料柄也被节省了，当增加到八只热流道喷嘴时，即一个热流道喷嘴成型一个产品时，整个冷流道都被消除而没有产生废料。故使用热流道喷嘴节约了大量的原材料，并且对物料与能源的节约和环境保护也有重要意义。

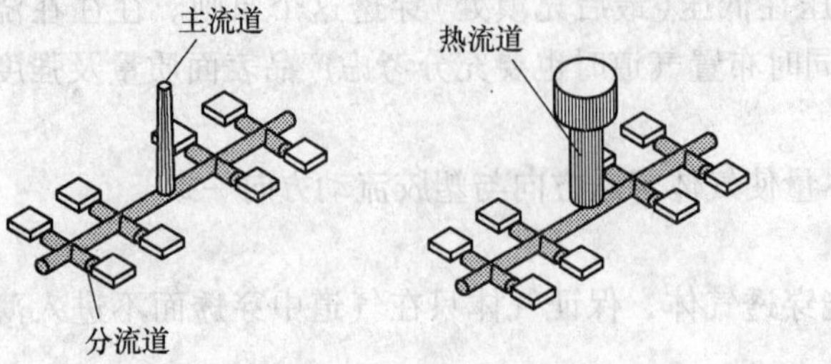

图 3-3　冷流道及其产品示意图

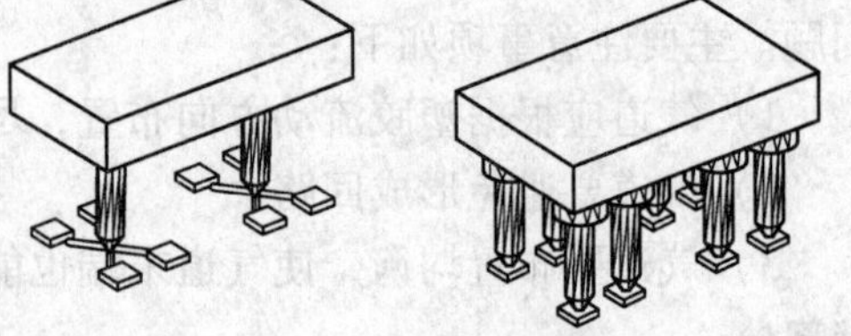

图 3-4　热流道及其产品示意图

二、热流道系统的组成

如图 3-5 所示是一模两腔针阀式热流道系统的示意图。从图中可以看出热流道系统由气缸、喷嘴、加热元件和阀针、浇口套组成。

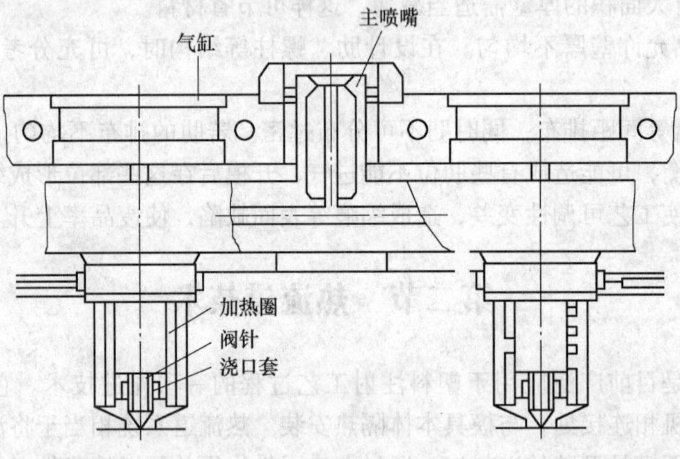

图 3-5　热流道系统的组成

热流道系统按其结构可分为单喷嘴系统和多喷嘴系统。单喷嘴系统由一只喷嘴和一台单组温控器组成，多应用于结构简单的单型腔模具。多喷嘴系统由分流板和两个以上喷嘴以及多组温控器组成，一般用于多型腔或单腔多点进料的模具。

1. 热流道喷嘴

热流道喷嘴按其结构不同可分为开放式和针阀式两大类。

（1）开放式喷嘴　开放式喷嘴又分为直浇道和点浇道两种及其若干派生品种。

直浇道的优点是注塑压力小且适用于几乎所有塑料品种，缺点是喷嘴会在产品上留下少量废料柄，去除废料柄后产品表面会有痕迹。

点浇道又有内热式和外热式之分。内热式喷嘴的加热元件装在喷嘴内一鱼雷体内，熔融树脂在鱼雷体外的热流道中通过，尽管电热利用率高，但由于其结构较复杂、对电热元件质量要求较高且零件更换较困难，因此内热式喷嘴的应用受到很多限制。外热式喷嘴结构简单，加热圈采用弹簧式结构，可以按照温度分布要求灵活设计功率密度分配，使整体加热均匀。和内热式喷嘴相比，外热式喷嘴的流道更畅通，熔料压力损失更小，维修和更换器件更方便，适用范围更广，得到更普遍应用。点浇道的优点是可以做到无废料柄，缺点是注塑压力较大，且对塑料品种和配方有选择性。

（2）针阀式喷嘴　如图 3-6 所示，针阀式喷嘴在传统开放式直浇道喷嘴中加以动作迅速的阀针，以控制型腔填充的过程。在模具关闭前，针阀式喷嘴通常将注塑机料桶及模具流道中的熔融树脂预先压缩到界限或其附近，当模具关闭时阀针在瞬间后退，喷嘴开放，此时预先压缩的熔融树脂猛然充入模具内，熔融树脂直到充满模膛，阀针再关闭。其中，阀针作为运动的部件，其结构成为针阀式喷嘴的主要特点。

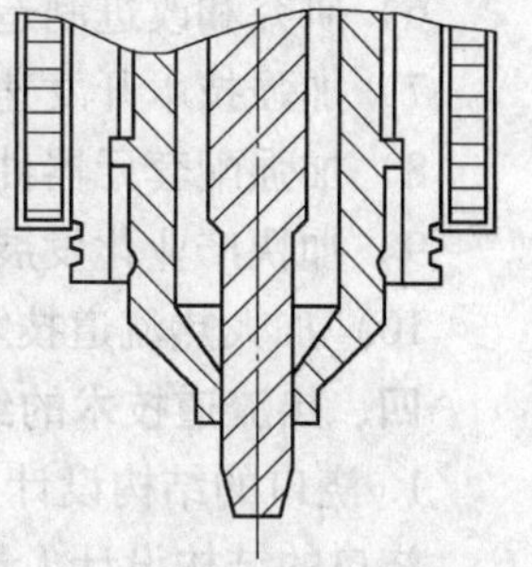

图 3-6　针阀式热喷嘴

目前，促使阀针运动的形式主要有以下几类：弹簧式、直接气动式、液压阀杆式、油缸式、滑槽式、汽缸带动齿轮齿条式等。

针阀式喷嘴的主要优点有：在成形品上不会留下进浇道的残迹，进浇道处痕迹平滑，能使用较大直径的浇口，可使型腔填充加快而减少制品上的内应力，同时也可避免异物的堵塞问题；可防止开模时出现牵丝现象以及某些低黏度塑料流延问题；当注塑机螺旋杆后退时，可有效地防止从模腔中反吸物料。

由于其结构的特点，针阀式喷嘴特别适用于需要高注塑压力及高黏度材料的场合，例如手机外壳、大型家电外壳、汽车内外饰件、光盘、聚酯瓶胚等注塑产品的成型。

2. 分流板

对于多型腔的热流道模具需要在模具内设置分流板。分流板中间开有流动通路，将熔融树脂输送到各个型腔而不改变树脂的特性。因此，要求分流板的分流道温度波动范围在 5 ~ 10℃以内，并在满足要求的同时可减小本身散热面积及质量，以利于升温和避免热量损失。同时，要求熔融树脂在通道内不产生滞留、通道密封性好、压力损失小。分流板用加热器加热，采用绝热材料、绝热垫块或空气间隙与模具部分隔热。

分流板的设计依据塑件的大小、形状、型腔及浇口数量，其基本型号分为 I、Y、X、H、T 型。在设计过程中，需要对分流板进行加热功率的计算以实现分区控温，并考虑材料刚度、热膨胀特性、密封性和隔热措施。分流板的分流道要求分布平衡，即每个喷嘴的流动长度、压降和剪切速率相同。

三、热流道技术的发展现状

1. 热流道应用的分布

目前，全世界的热流道注射成型模具的实际使用量约占全部注射成型模具消费量的 20%~30%。具体应用的分布情况见表 3-1。

表 3-1　热流道应用分布情况

地区或国家	美　国	德　国	亚　洲	中　国
采用比例	40%	30%	10%	不足 5%

2. 我国热流道技术面临的任务及发展方向

1）加强理论研究和实验，以提供充分的技术依据。

2）强化原创性研究，并注意跟踪注塑行业的最新需求。

3）建立计算机模拟分析平台，并与模具分析平台相衔接。

4）建立热流道权威性技术标准。

5）建立完善的技术质量规范以及评价体系。

6）研究和改进制造的工艺水平。

7）加强技术开发速度以尽快全面覆盖，并达到当前世界先进水平。

8）加强配套元器件的研制并建立其独立的质量标准。

9）加快产业化发展速度，尽快实现产品标准化。

10）加大热流道技术的推广应用和技术普及。

四、热流道技术的结构设计

1. 浇口的结构设计

浇口的结构设计人员需要具有丰富的经验，如能够根据塑件几何特征确定浇口形状、浇口位置和浇口尺寸等。各种不同形状的塑件选用不同的浇口形状，如圆形浇口适合浇注壳类、盒类等薄壁塑件。浇口位置一般设置在壁或者墙特征的中心、角点和组边中点等位置，一般不允许将浇口设置在孔、凸台和肋等特征上。流动性好的塑料其浇口尺寸应该比估算数值偏小，流动性差或剪切敏感的塑料浇口尺寸则应该偏大等。

完整的热流道浇口设计过程包括如下步骤：

1）选择塑件型腔的排布方式。

2）输入相关的初始设计参数，如注塑机参数、塑料性能参数、注射时间参数等。

3）分析塑件几何特征，选择合适的浇口位置和浇口数目。

4）选择浇口类型并分析。

5）建立初步标准热流道浇口模型。

6）根据知识库中的知识估算浇口的直径和长度。

7）根据塑料性能校核浇口直径，优化浇口直径。

8）在初步热流道浇口模型的基础上完成具体的浇口模型。

9）浇口模型设计完成并保存。

2. 热流道分流板结构设计

热流道分流板结构设计的基本要求是热流道内热量损失小、注射压力损失小和流道体积小。热流道分流板的结构形状较多，通常采用多层及平衡流道的组合设计。

建立热流道分流板模型的具体步骤如下：

1）根据型腔排布选择确定分流板的层次性和适合的流道板结构。

2）根据分流板相关知识，选择适当的分流道截面形状。

3）在模型库中调入标准分流板模型。

4）确定主流道结构尺寸。

5）确定分流道各层的尺寸。

6）校核流道尺寸和流道平衡，确定最佳流道截面尺寸。

7）修改标准热流道分流板模型。

8）完成热流道分流板模型并保存。

3. 喷嘴结构设计

热喷嘴的作用是将分流道内的熔融塑料通过浇口注入模膛，其结构要求严格。热流道喷嘴结构设计的步骤如下：

1）选择热流道喷嘴结构类型。

2）调用标准喷嘴结构模型。

3）喷嘴内部流道尺寸的获取。

4）计算热流道喷嘴长度。

5）修改热流道结构模型。

6）完成热流道模型并保存。

注射模热流道是一种涉及多方面技术的较复杂的结构，可以按照“自顶而下”的方法设计上述热流道设计系统。

第三节　低熔点合金制模技术

低熔点合金是一种快速、经济的制模材料，它具有熔点低、凝固时收缩率为零或略胀、流动性和复印性好的特点，是一种非常实用的快速制模合金材料。低熔点合金快速制模技术的最大优势在于其制模周期短，使用快捷方便。它不但能够满足厂家一般生产的需求，而且对于厂家新产品试制及其产品快速投放市场抢占市场尤其具有重要的意义。同时，低熔点合金一次投入可以长期使用，从长远来看在模具投入上节约的费用是相当可观的。根据市场的需要，在不断改进和完善快速制模工艺装备的同时，将低熔点合金及其快速制模技术与激光快速原型 RP 技术、无模多点成型技术相结合，开辟了低熔点合金应用的新领域，为低熔点合金快速制模技术增加了新的生命力。

一、低熔点合金在快速成型制模领域中的应用

目前，国内新产品开发在国内汽车行业的典型事例是低熔点合金模具。其中最有代表性的是铸模熔箱，其尺寸为 2200mm × 1700mm × 600mm，共用新型低熔点合金材料 20t，采用材料成型工艺，解决了大体积熔箱凝固体积膨胀不均的问题，使该制模技术的工装设计工艺、压边设计工艺、样件设计制作工艺等更加完善，通用性更强。制造低熔点合金模具时应注意以下几点：

1. 电加热熔箱的设计要安全可靠。电加热管采用底铺式，外套无缝钢管保护，使电加热管更换方便。万一有电热管烧坏，只需断电更换即可，克服了传统加热方式更换电热管困难的缺点。

2. 熔箱底部设计为双层的立柱厚板支撑，在确保熔箱强度的基础上，双层有空气流通，起到了散热的作用，使压机台面的温度不会升高。

3. 压边工艺的设计。由于低熔点合金模具的特殊性，该种制模技术一直没有找到令人满意的压边工艺。目前将压边梁的概念引入该种模具的冲压生产中，不但较好地解决了压边工艺性问题，而且由于压边梁连接的前后左右无级可调，使大件、小件均可顺利实现压边，实现了只用两对梁就解决了模具的压边问题。

4. 改进样件设计制作工艺。样件的设计制作是该合金模具中非常重要的一环。一个好的样件，不仅是表面粗糙度值低、尺寸正确，更重要的是它体现了该零件正确成型所需要的冲压工艺。根据该合金模具本身的特点，可以引入阶梯拉深、过拉深等新的拉深工艺，最大限度地保证了覆盖件的正确成型。

5. 对于曲面复杂、较难用人工敲制、有计算机三维数据模型的产品零件，可通过无模

多点成型技术，制成的产品为低熔点合金模具的制模样件。采用低熔点合金制模工艺进行中小批量生产，便具有了极大的优越性。

二、低熔点合金在快速原型 RP 领域中的应用

20 世纪 80 年代末期，快速原型技术 RP 逐渐兴起，它是机械制造业用来制作零件原型的一种先进技术，是激光技术、机械制造、计算机辅助设计、材料科学等先进技术的集成，它突破了传统的机械加工方法，直接在 CAD 三维模型下，快速完成任意复杂形状的三维实体。

在我国，清华大学、华中科技大学、西安交大和北京隆源公司等相继进行了成型理论、工艺方法、设备、软件、材料等配套技术的研究。主要对 SLA（激光立体光刻）、LOM（分层实体制造）、FDM（熔融沉积制造）、SLS（选择性激光烧结）和 3D-P（三维印刷）等工艺进行研究开发。并能提供上述工艺的成型设备和多功能成型机及整体电极成型机。快速成型材料主要有 SLA 用料——光固化树脂、LOM 用料——涂覆纸、SLS 用料——树脂蜡、工程塑料、陶瓷材料、铸造用覆模砂、Fe-Cr-Ni 合金粉末、FDM 用料——蜡丝、尼龙、ABS 丝等。

RP 技术在快速制模方面，大部分是通过原型，采用精密特种铸造技术制成过渡型或金属型模具。而采用 Fe-Cr-Ni 合金粉末直接烧结的金属型模具，尺寸体积较小。目前该工艺还可以解决不通过原型而直接生成尺寸较大的金属型模具的尺寸、体积变化问题。

目前，RP 方法制造的原型主要以非金属为主，如纸、ABS、蜡、尼龙、树脂等。大部分非金属原型无法直接作为模具使用，需要根据原型翻制为金属型。

RP 原型快速制模技术的工艺流程如图 3-7 所示。

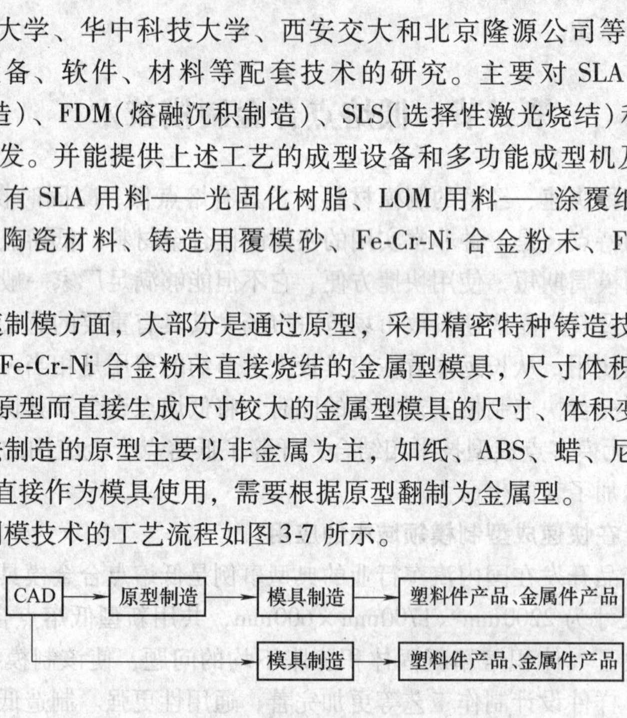

图 3-7　RP 原型快速制模技术的工艺流程

在上述制模工艺中，由 CAD 三维数据，省略非金属原型，直接用合适的金属材料做金属原型即为模具，可减少工序，缩短了制模周期和削减了非金属原型后序的精密铸造的费用。

目前，一些大学和研究单位用 Fe-Cr-Ni 合金粉末烧结金属模具，但设备的成型空间小，成型体积小。国外在激光烧结快速成型方面，可将 Cu-Ni 合金粉末由 CAD 造型，经过激光烧结层积成型，直接制作金属模具或金属零件。模具需要浸在热硬化型的环氧树脂和锡的混合液中，抛光处理后可具有与铝合金模具相近的强度，耐热温度可达 300℃左右。

低熔点合金具有熔点低、成型复印性好、铸造性能优良的特点，特别是凝固时体积收缩率为零，低熔点合金通过技术处理为 RP 技术所需材料的条件，即可制造较大尺寸的低熔点合金模具。模具表面无需处理，用于汽车覆盖件模具和部分塑料成型模具。使低熔点合金制模技术从传统的样件制模，提高到由 CAD 数据直接成型，减少了手工制作样件尺寸的偏差，大大缩短了中小批量生产的周期，降低了成本。同时，对新车型进行 CAD 设计，实现了快速制造，对提高市场竞争力起到了积极的推动作用。

第四节　粉末合金与陶瓷成型技术

一、粉末合金及陶瓷成型过程

粉末合金的特点是材料利用率高，同时又节约能源。其优越性主要表现为：能制造出使用传统成型方法无法获得的材料和制品，且制得的材料具有高强度和优异的特种性能，同时具有高的经济效益。表3-2给出了几种成型及加工方法经济性比较的实例。

粉末合金的过程分为3步：制备原材料粉末、成型过程及烧结过程。

1. 原材料粉末的制备

为保证压坯质量，多种粉末混合时还需要合适的粗细粒度的搭配。同时为获得优异的力学性能，粉料平均粒度越小越好。另外，粉料在成型前还需退火、筛分、混合、制粒、加润滑剂这样一些预处理。

表3-2　几种成型、加工方法经济性的比较

方　法	利用率(%)	单位能耗/(J/kg)	方　法	利用率(%)	单位能耗/(J/kg)
铸造	90	30~38	热锻	75~80	46~49
粉末冶金	95	29	机械加工	40~50	66~82
冷锻	85	41			

2. 成型过程

成型分为模压成型和特殊成型两大类，其中模压成型占主导地位，它是将预处理好的粉末装入模具，用压力机压制成型，但压制的尺寸和形状有一定限制。为克服上述限制，开发出特殊成型方法，如：等静压成型、滚压成型、高能高速成型、无压成型、注浆成型等。

3. 烧结过程

成型后的粉末毛坯必须在适当的温度和气氛中加热、保温，在一系列的物理和化学变化后，使粉末颗粒的聚集体变成晶粒的聚集体，以达到所需的物理、力学性能，成为可用的制品材料，它是整个生产和材料制备过程中最重要的工序。烧结温度一般约为主成分熔点的2/3。烧结时还需要用氢气等还原性气体或氮气、氩气等惰性气体保护，有时还可能直接在真空中烧结。

陶瓷成型与粉末合金成型的过程有许多相似之处，它的工艺过程包括粉末制取、成型和致密化，不同之处在于烧结只是陶瓷致密化的一种工序，除烧结外的致密化过程还有气相沉积，熔融颗粒沉积和胶凝性粘接等方法。

陶瓷致密化过程与粉末合金烧结过程的另一个显著的区别是：致密化过程有可能是材料发生物理、化学变化的全过程，而不像烧结过程那样，仅是通过物理变化而致密化的。前者又被称为烧成，而后者被称为烧结。另一方面，粉末合金的粉末，主要以金属成分为主，而陶瓷粉末则主要以无机化合物成分为主，如氧化物、氮化物、碳化物等。

二、原材料加工

任何材料成型工艺的成败都取决于原材料的质量，高质量的原材料粉末应具备以下重要特征：粒度分布范围合理，平均粒径小；颗粒外形圆整；颗粒聚集，成团倾向小，凝聚强度低；化学纯度和化学均匀性易控制。为了获得高质量的原料粉末，工业上采用的制备方法如

图 3-8 所示。

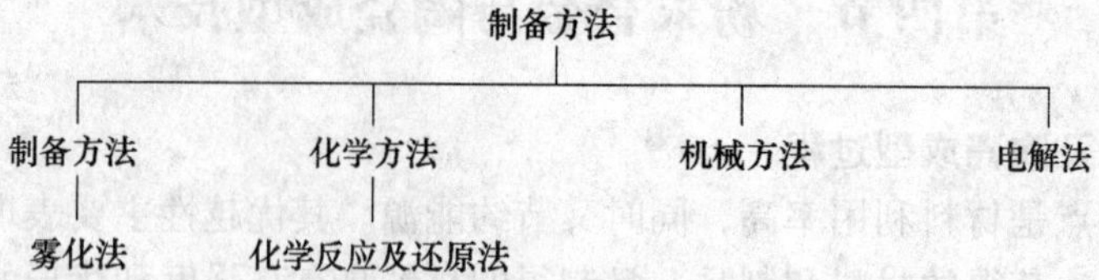

图 3-8　高质量原料粉末工业制备方法

1. 雾化法

雾化法是一种粉末的物理制备方法。它主要是利用高速的气流或水流直接击碎液体金属或合金来制取粉末。雾化法工艺简便，可用于连续、大量生产，故被广泛采用。

在工程陶瓷的粉末制造方法中，往往通过溶液来制备细粉，除可以用沉淀法外，还可以采用溶剂蒸发法。为了使溶剂有效地蒸发，可以选择与雾化法类似的喷雾干燥法和喷雾热解法来获得细粉。喷雾干燥法是将溶液喷雾至热风中而使其快速干燥的方法。采用这种方法制得的粉末比固相干燥反应法制得的粉末烧结体具有更细的结构。喷雾热解法是将金属盐溶液喷雾至高温环境中，使溶剂蒸发和金属热解在瞬间同时发生。这两种方法都适宜于连续生产，且生产能力也较大。

纯铁粉末也可以采用雾化法来生产，其生产流程为：将生铁和废钢按一定比例配置成碳的质量分数为 3.2%～3.4% 的成分，在感应电炉中熔化成铁液，然后浇注到保温坩埚中，在铁液下落时，使用压强约为 6.8 个大气压的高压空气雾化液流。随后液流被水槽收集，再通过干燥过筛，形成粉末的中间产品。因为铁液在雾化的同时，与氧发生了剧烈反应，产生了大量的 CO，故这一阶段形成的粉末多为空心球状颗粒。下一步就需要将粉末盛于封闭容器中，在 950℃ 温度下和 CO 还原气氛中进行保温、脱氧、脱碳，最后再进一步粉碎、过筛，就制得了合格的铁粉。该工艺具有生产效率高、非金属杂质含量小的优点。

2. 电解法

电解法是另一种制取金属粉末的方法，其基本原理和电镀相同。以铜粉制备为例，水溶液一般为硫酸铜和少许硫酸，阳极为铜板，在溶液中通入直流电后，带有大量正负离子的水溶液就会发生离子迁移。在阳极，铜将失去电子变成离子进入溶液，OH^- 失去电子变成水和氧气；而在阴极，铜离子得到电子析出铜，氢离子得到电子放出氢气。

铜离子在阴极的析出可以有两种形式，即电镀层和铜粉。一般电解液中铜离子浓度较低、电流密度较强时易得到铜粉。析出的铜粉不能直接使用，还需要经过洗涤、干燥、研磨、筛分才能使用。根据电解法的原理可知，此法得到的粉料纯度较高。另外粉料颗粒多呈树枝状，故压制性能也较好，但制备过程较为复杂，耗电量大，故成本较高。

3. 粉末及其特性

粉末的质量直接关系到粉末合金及陶瓷制品的质量。粉末的化学成分与组织、粒度与外形、流动性与压缩性都可以用来评价粉末制品的特性。

粉末中的杂质元素对后续工艺过程及最终制品的质量都会有较显著的影响。因此，需要对粉末进行化学分析。目前多采用失氢试验和酸不溶值试验。失氢试验是将粉末样品置于氢气流中，在给定高温和保温时间的条件下测定试验前后试样的失重值。该失重值实际反映了粉末中氧的质量分数的高低。此法主要用于铜、钨和铁粉氧的质量分数的测定。酸不溶值试验是将铁粉样品溶于盐酸，或将铜粉样品溶于硝酸，然后把不溶物经过过滤、燃烧后称取失重值的方法。用这种方法可以确定粉末中含有的石英、硅酸盐、氧化铝、碳化物和黏土等杂质。粉末可以是单晶的，也可以是多晶的，甚至是聚集体。

三、粉末合金及陶瓷成型技术的新发展

1. 电火花烧结

电火花烧结是将金属等粉末装入石墨或其他导电材料的模具内，利用上下冲模(兼通电电极)将特定烧结电源和压制压力施与烧结粉末，经放电活化、热塑变形和冷却完成制取高性能材料或制品的一种方法。

其原理是靠火花放电和通过粉末与压模的电流来加热粉末。粉末在高温下处于塑性状态，通过冲压及高频电流形成的机械脉冲波联合作用，在数秒内就能完成烧结致密化过程。如图 3-9 所示。

此方法的特点是成型压力低，烧结时间短，节省能源，模具成本低，加工方便，对粉末种类的限制小。制成的材料晶粒小，致密度高，且物理、化学和力学性能好。

2. 喷射成型

喷射成型是将雾化法制备粉末、成型和烧结结合在一起的一种工艺。喷射成型制备金属陶瓷的原理如图 3-10 所示。

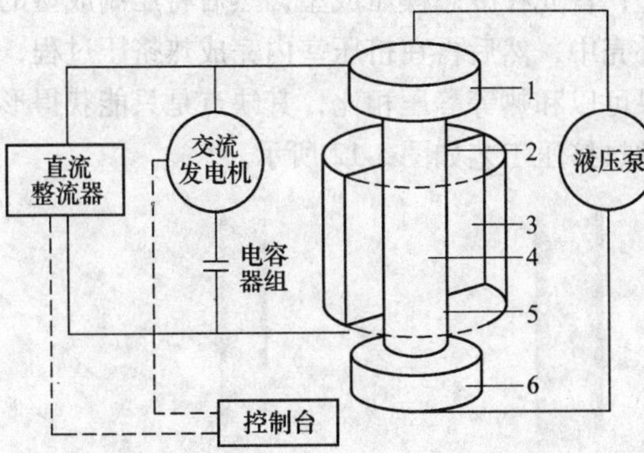

图 3-9　电火花烧结原理

1、6—电极板　2、5—模冲　3—压模　4—粉末

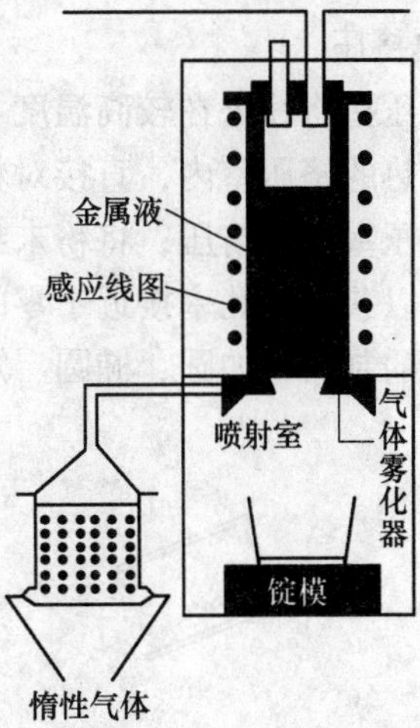

图 3-10　喷射成型制备金属陶瓷原理图

如图 3-10 所示，喷射成型装置可以分为 3 大部分，即金属或合金保温炉、喷射成型室和陶瓷粉粒供给罐。其工作原理为：利用高压、高速气体，将金属或合金液雾化，同时与陶瓷粉粒充分混合均匀，直接喷射入成型模具之中，再经过挤压，加热烧结成所需产品。

上述方法中，成坯和成型为两个分离的工艺过程，后来发展成为一步成型的工艺。在喷射成型室内装有模压和挤压装置，喷射成型完成的瞬时直接成型。达到缩短工艺流程的目的。

更进一步，还可以把喷射成型、半固态铸造和连续铸造方法结合在一起，这种方法目前被称为“带核铸造”。

喷射成型已进入工业实用化阶段，显示出了非常诱人的前景。

3. 粉末锻造

粉末锻造是将粉末冶金和精密模锻结合在一起的一种工艺，工艺流程如图 3-11 所示。

粉末锻造的方法进一步可分为粉末冷锻、锻造烧结、烧结锻造和粉末锻造。

粉末锻造方法的优点为能源消耗低，材料利用率高，制品尺寸精度高，力学性能好，内部组织无偏析且各向同性。见表 3-3。

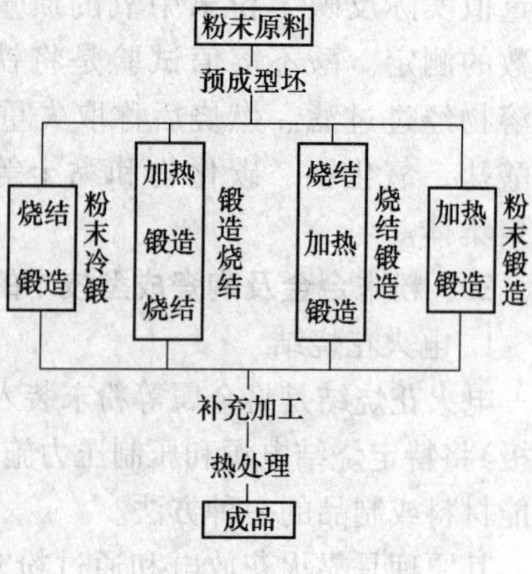

图 3-11 粉末锻造的工艺流程

表 3-3 普通模锻与粉末锻造的特性对比

对比项目	普通模锻	粉末锻造	对比项目	普通模锻	粉末锻造
100mm 的尺寸精度	±1.5mm	±0.2mm	制品材料利用率	45%	80%
初加工毛坯材料利用率	70%	99.5%			

4. 热挤压

热挤压指将粉末在较高温度下挤压成尺寸规则的型材制品的过程，方法如下：将松散粉末放入加热的挤压室内，直接对粉末挤压成型；首先在冷态模压成型，然后将压制成型的坯块放入挤压室内热挤压；将粉末封装在金属外壳中，然后再在挤压室内完成热挤压过程，采用此法可以获得气孔率接近于零的制品，效果可以和热等静压相比，其缺点是只能获得形状极为简单的制品，如圆、椭圆、矩形等。三种热挤压工艺如图 3-12 所示。

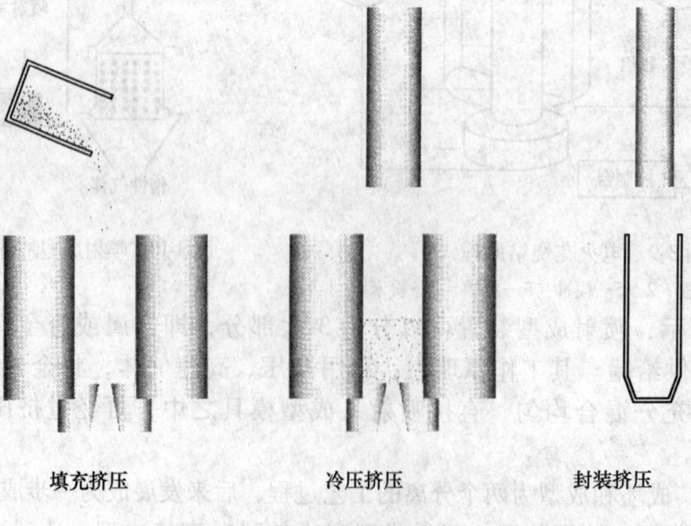

图 3-12 三种热挤压工艺

热挤压工艺的发展又产生一种叫“填坯”的热挤压技术，它能克服上述的第三种热挤压工艺的缺点。例如要制备一个“T”字形的形坯。先在金属封套内用低碳钢粉末造型，型腔尺寸应按挤压比大小放出“缩尺”，然后将欲挤压的粉末放入型腔，封装后即可进行热挤压操作，最后通过溶解的方法去除金属封套及低碳钢粉末填料，便完成整个操作。

另外还有一种激光快速成型技术，被称为选区激光烧结。成型开始时，粉末滚筒将粉末均匀地铺在加工平面上，激光束在计算机的控制下通过扫描器以一定的速度和能量密度进行扫描。激光束扫过之处，粉末便被烧结，形成一定的实体片层，未扫过的地方仍是松散的粉末。随后，成型活塞下移一定的距离，铺粉滚筒再次将粉末铺平后，激光束开始依设计零件第二层的信息扫描。激光束扫过之处，所形成的第二个层片被烧结在第一层上，如此反复，形成一个三维实体。

这种技术的优点是成型过程无需采用模具，成型速度快，成本低廉，烧结原料选材广泛，适于成型复杂形状的零件，且产品的造价几乎与产品的批量无关。

第五节　电磁成型技术

电磁成型技术最先起源于美国。随着科学技术的进步和制造业的发展，电磁成型技术逐渐发展成为制造业中一种新型的金属塑性加工方法。它是利用瞬间的高压脉冲磁场迫使金属产生塑性变形达到成型金属零件的目的。电磁成型加工是一种高速高能的工艺，所谓高速高能加工一般是指应变速率在100m/s以上的变形加工，但电磁成型工艺可使金属变形速度达180～300m/s，功率可达几兆瓦。目前，电磁成型技术已广泛应用于航空航天、原子能、汽车、仪器仪表、电子以及玩具等领域，主要是金属板材的冲孔、压印或压花以及管材的胀形、缩颈、冲孔、翻边等。

一、电磁成型的基本原理

电磁成型的理论基础是物理学中的电磁感应定律，在电场周围会产生变化的磁场，而随时间变化的磁场在其周围空间激发涡旋电场，所以当有导体处于此电场中时就会产生感应电流(涡流)。在电磁成形过程中，磁场力是工件成型的动力。

电磁成型是利用脉冲磁场力来使金属坯料变形的，脉冲磁场力是由电容器通过工作线圈瞬间放电所产生的。脉冲磁场里是磁场间相互排斥或相互吸引的作用。如图3-13所示，工件6受向内的压力而压缩变形，如果线圈置于工件内部，则向外膨胀。

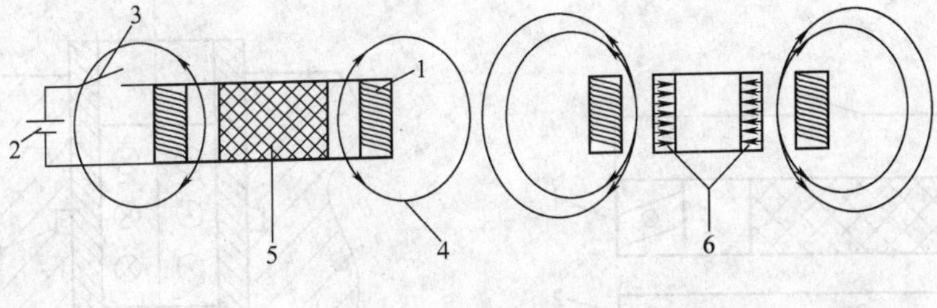

图3-13　电磁成型原理

1—线圈　2—电容器　3—高压开关　4—磁力线　5—绝缘体　6—工件

二、电磁成型加工的基本方法和特点

1. 电磁成型加工的基本方法

电磁成型加工在工业制造中的应用方法很多，其中主要有两种基本的方法。

（1）对管材的电磁成型加工　如图 3-14 所示。对于管材的电磁成型加工还可以细分为内向压缩成型加工和外向胀形成型加工。当工件处于线圈的外部、模具的内部时，如图 3-15 所示，工件将在电磁力的作用下向外胀形，该方法常用于管材的胀形、翻边等的加工。与此相反，当工件处于线圈的内部、模具的外部时，工件则产生向内的压缩，该方法还可用于管材的缩颈等加工。

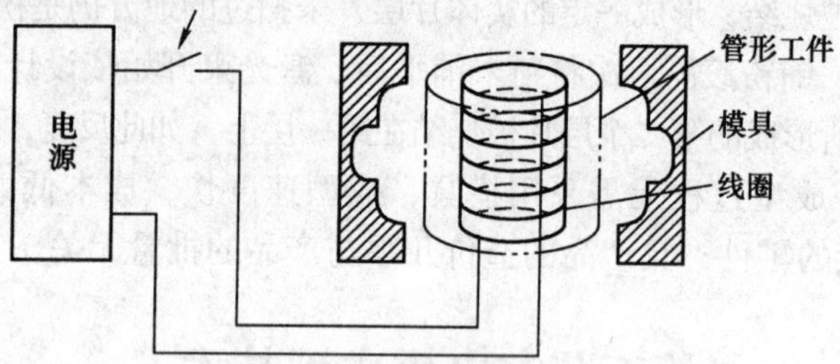

图 3-14　管材工件的电磁成型原理图

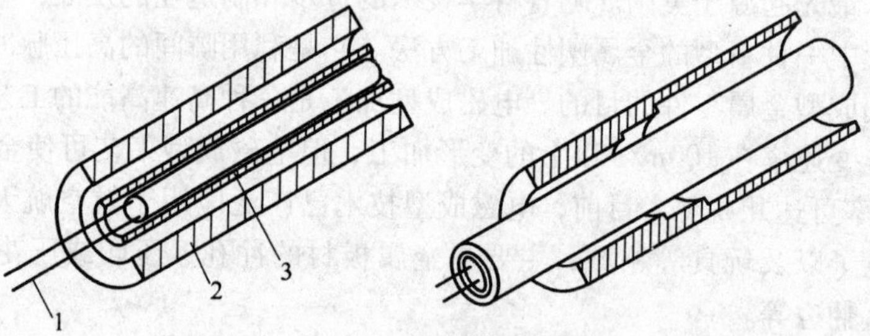

图 3-15　管材胀型图

1—线圈　2—模具　3—管坯

（2）对板材的电磁成型加工　由于受设备能量的限制，所以对板材有一定的要求，如材料的电导率、厚度等。该方法还可以实现板材的连续加工，使设备加工呈现柔性，如图 3-16 所示。

（3）对切断的电磁成型加工　电磁成型加工还适用于薄板的切断，如图 3-17 所示。

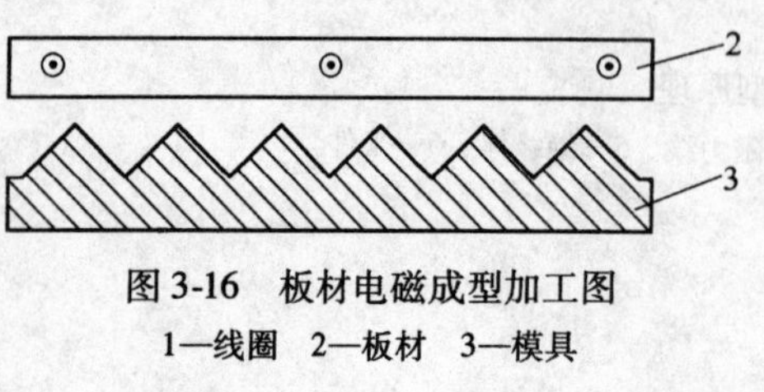

图 3-16　板材电磁成型加工图

1—线圈　2—板材　3—模具

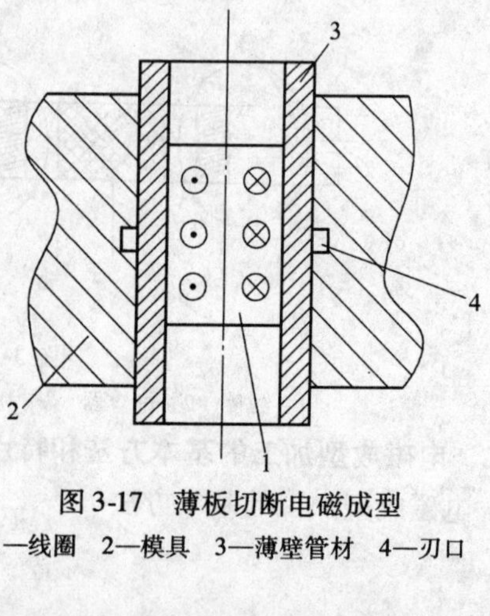

图 3-17　薄板切断电磁成型

1—线圈　2—模具　3—薄壁管材　4—刃口

电磁成型还可应用于焊接、装配、冲裁、精密冲压和粉末压实等加工过程中，还可以与其他工艺相结合，组成复合型工艺。

2. 电磁成型加工的工艺特点

1）非机械接触性加工：电磁力是工件变形的动力，它不同于一般的机械力，工件变形时施力设备无需与工件进行直接接触，因此工件表面无机械擦痕，也无需添加润滑剂，工件表面质量较好。

2）工件变形源于工件内部带电粒子受磁场力的作用。因此，工件变形受力均匀，残余应力小，疲劳强度高，使用寿命长，加工后不影响零件的力学、物理、化学性能，也不需要热处理。

3）施力元件(线圈)相对压力机尺寸小，易在真空和气保下进行，将感应加压一次完成。

4）由电磁力的控制精度其误差可在0.5%以内，因此加工精度高。

5）加工效率高、时间短、成本低，便于实现生产的自动化。

6）电磁成型设备可实现工件的多步、多点、多工位成型，有助于实现生产的柔性化。

7）污染较轻，有利于环境的保护。

电磁成型加工作为一种新型的金属塑性加工技术，不同于传统的冷锻、温锻和热锻等加工方法，它以其独特的加工特点展现出巨大的发展潜力。目前，全球性的能源和环境危机日益凸现，要求在制造过程中控制零件的质量，尽量减少产品的质量，大力提倡使用轻质金属如铝、镁等合金。电磁成型技术对于此类金属的加工有着独特的优势，尤其是在铝材加工中，电磁成型技术和其他工艺相结合可以实现复杂零件的加工。可以预测，电磁成型技术必将会成为金属塑性加工中的重要方法之一。

复习思考题

1. 简述气辅成型技术的特点及其应用。
2. 简述热流道技术在我国的发展趋势。
3. 论述低熔点合金在快速制模中的应用。

第四章　模具制造及检测技术

本章应知

1. 清楚模具制造技术的种类。
2. 了解各类技术的应用场合。
3. 了解各类技术的工艺特点。

本章应会

1. 能够合理选择模具加工机床。
2. 掌握各类制造技术的简单加工。
3. 会编制各类典型零件的加工工艺方案。

第一节　模具数控机械加工技术

一、模具制造与数控加工技术

1. 数控机床及其加工技术

数字控制(Numerical Control,即 NC)是一种自动控制技术，国家标准 GB/T 8129—1997(工业自动化系统　机床数字控制　词汇)中定义为“用数字化信号对机床运动及其加工过程进行控制的一种方法”，简称数控。数控技术至今已有 50 余年的发展历程，其间可分为两个阶段共六代：

第一阶段是硬件数控(NC)阶段，历经了电子管时代(1952 年)、晶体管时代(1959 年)、中小规模集成电路时代(1965 年)。

第二阶段是软件数控(CNC)阶段，历经了小型计算机时代(1970 年)、微处理器时代(1974 年)、基于 PC 机时代(1990 年)。

采用数控技术控制的机床，或者说装备了数控系统的机床，便称之为数控机床。数控机床是机电一体化的典型产品，是集机床、计算机、电机及拖动、自动控制、检测等技术为一体的自动化设备。数控机床装有程序控制系统，该系统能够处理具有使用代码或其他编码指令规定的程序。1952 年美国麻省理工大学制造生产了第一台数控机床。

数控机床的基本组成包括加工程序、输入装置、数控系统、伺服系统、辅助控制装置、反馈系统及机床本体，如图 4-1 所示。

采用数控机床来提高机械自动化生产水平和产品质量是当今机械制造业产品改造、技术更新的必由之路。现代数控机床是柔性制造系统(FMS)里必不可少的柔性制造单元(FMC)，也是计算机集成制造系统(CIMS)中不可缺少的基础设备。数控机床加工具有如下特点：

1）加工过程柔性好，适宜多品种、单件小批量加工和产品的开发试制。

2）采用多坐标联动，可加工其他设备难以加工的零件。

3）加工时工序集中，一次装夹可完成多处加工，且不需要钳工划线，生产效率高。

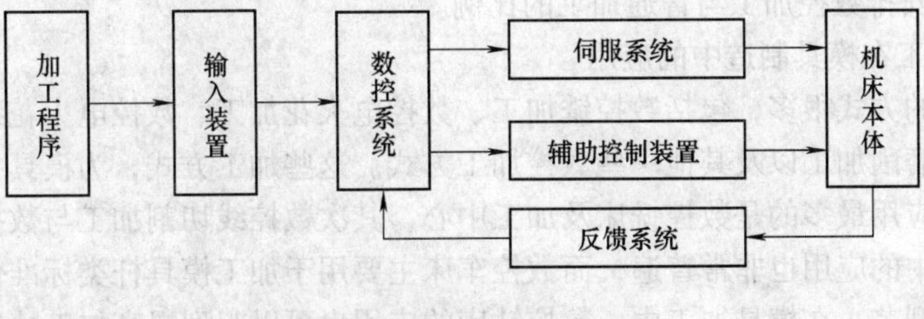

图 4-1　数控机床的基本组成

4）应用计算机编程，易于实现产品的计算机辅助设计和制造（CAD/CAM）。

5）加工零件的质量稳定，精度高，一致性好。

6）改善劳动条件，减轻工人劳动强度。

7）设备昂贵，投资大，对工人技术水平要求高。

2. 模具数控加工的特点

模具是目前应用数控加工最为广泛的一个行业，模具具有结构、型面复杂、精度要求高、使用的材料硬度高、制造周期短等特点。模具制造是一个生产周期要求紧迫，技术手段要求较高的复杂的生产过程。每一副模具都是一个新的项目，有着不同的结构特点。模具的开发并非最终产品，而是为新产品的开发服务。一般企业的新产品开发在数量上、时间上并不固定，从而造成模具生产随机性强、计划性差的特点。模具在开发过程中常常有更改，或者在试模后对产品的形状或结构要作调整，而这些更改需要进行重新加工。

应用数控加工模具可以大幅度提高加工精度，减少人工操作，提高加工效率，缩短模具制造周期。模具数控加工的特点如下：

1）模具为单件生产，故数控加工的编程工作量大，对数控加工的编程人员和操作人员的要求高。

2）模具的结构部件多，通常有模架、型腔、型芯、镶块或滑块、电极等部件需要通过数控加工成形，数控加工工作量大。

3）模具的型腔面一般较复杂，而且对成型产品的外观质量影响较大，因此在加工型腔表面时必须达到足够的精度。

4）模具部件的加工应尽量安排在一次装夹下完成多个工序，这样可以避免因多次安装造成的定位误差并减少安装时间。合理安排加工次序和选择刀具是提高加工效率的关键。

5）模具的精度要求高，所以在进行数控加工时必须严格控制误差。

6）模具通常是“半成品”，所以加工时要考虑到后续工序的加工方便，如为后续工序提供便于使用的基准等。

7）模具材料通常是很硬的钢材，硬度一般在 50HRC 以上，所以数控加工时必须采用高硬度的硬质合金刀具来加工。

8）模具加工中，对于尖角、肋条等部位，无法用机加工加工到位，需要进行电火花加工。

9）模具加工时应尽量采用标准件，这样可以减少加工工作量。同时在模具设计制造过程中，使用标准的设计方法，如将孔的直径标准化、系列化，可以减少换刀次数，提高加工效率。

10）合理安排数控加工与普通加工的比例。

3. 数控加工在模具制造中的应用

数控加工的方式很多，包括数控铣加工、数控电火花加工、数控电火花线切割、数控车削加工、数控磨削加工以及其他一些数控加工方式。这些加工方式，为模具提供了丰富的生产手段，其中应用最多的是数控铣床及加工中心，其次数控线切割加工与数控电火花加工在模具数控加工中的应用也非常普遍，而数控车床主要用于加工模具杆类标准件，以及回转体的模具型腔或型芯。在模具加工中，数控钻床的应用也可以起到提高加工精度和缩短加工周期的作用。

在模具制造过程中，应用数控加工可以起到提高加工精度、缩短制造周期、降低制造成本的作用，同时由于数控加工的广泛应用，可以降低对钳工经验的过分依赖。因而数控加工在模具中的应用给模具制造带来了革命性的变化。当前，先进的模具制造企业都是以数控加工为主要加工手段，并以数控加工为核心进行模具制造流程的安排。

二、数控车削

1. 数控车削简介

车削加工是机械加工中应用最为广泛的方法之一，主要用于回转体零件的加工。工件装夹在车床的夹具上作高速旋转运动，车刀沿车床轴线作 z 方向运动和沿纵向作 x 方向的运动进行零件加工的方法称为车削加工。用计算机控制车刀的 x 方向和 z 方向的几何运动，同时控制车床主轴的旋转速度和车刀的进给速度的车削加工，称为数控车削。

数控车床的机床主体与卧式车床相似，即由床身、主轴箱、溜板、尾座、进给系统、液压系统、冷却和润滑系统等部分组成。数控车床的数控装置部分包括显示器、控制面板、强电控制系统等。图 4-2 所示是一台数控车床的外观图。

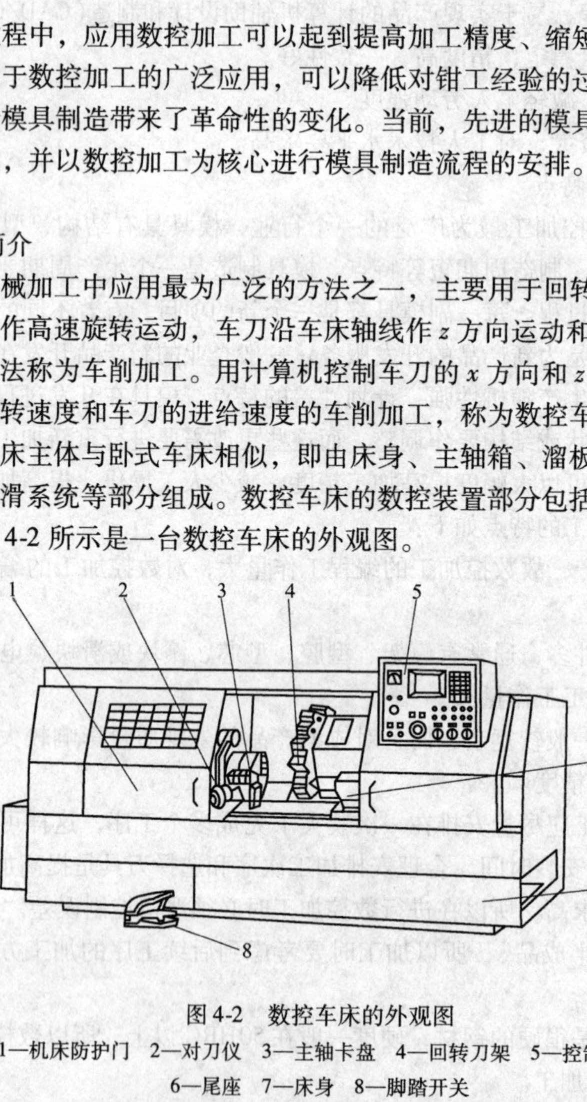

图 4-2 数控车床的外观图

1—机床防护门 2—对刀仪 3—主轴卡盘 4—回转刀架 5—控制面板
6—尾座 7—床身 8—脚踏开关

数控车床可分为立式和卧式两大类。立式数控车床用于加工回转直径较大的盘类零件。卧式车床用于加工轴向尺寸较大或较小的盘类零件。卧式车床有水平导轨和倾斜导轨两种。档次较高的数控卧式车床一般采用倾斜导轨。数控车床刚性好，对刀精度高，能方便和精确地进行人工补偿甚至自动补偿。

2. 数控车削主要加工的模具零件

1）对于轮廓形状特别复杂或难于控制尺寸的回转体零件，因车床数控装置都具有直线和圆弧插补功能，还有部分车床数控装置具有某些非圆曲线插补功能，故能车削由任意直线和平面曲线轮廓组成的形状复杂的回转体零件，如瓶子的吹塑模、圆盆或杯的注塑模、轴锻模等模具的凸凹模。

2）精度要求高的零件，其精度要求主要指尺寸、形状、位置和表面等精度要求，其中的表面精度主要指表面粗糙度。例如，尺寸精度高达0.001mm或精度更高的零件；圆柱度要求高的圆柱体零件；素线直线度、圆度和倾斜度误差均要求高的圆锥体零件；以及通过恒线速度切削功能，加工表面精度要求高的各种变径表面类零件等。

3）带特殊螺纹的回转体零件，是指特大螺距、等螺距与变螺距或圆柱与圆锥螺纹面之间作平滑过渡的螺纹零件等。

4）淬硬工件的加工在大型模具加工中，有不少尺寸大而形状复杂的零件。这些零件热处理后的变形量较大，磨削加工有困难，因此可以用陶瓷车刀在数控机床上对淬硬后的零件进行车削加工，以车代磨，提高加工效率。

此外，数控车削还常用来加工模具中的杆类标准件，如顶尖、导柱、导套等，还可带锥度的零件，如注塑模或压铸模上的圆柱镶块。

3. 数控车削的工艺分析

数控车削加工的工艺分析是提高加工效率，保证零件正确加工的关键。工艺分析包括以下几个方面：

（1）零件图的工艺分析　包括分析几何元素的给定条件是否充分、分析精度及技术要求。

（2）加工方案的确定　一般根据零件的加工精度、表面粗糙度、材料、结构形状、尺寸及生产类型确定零件表面的数控车削加工方法及加工方案。公差等级为IT8～IT9级、表面粗糙度为R_a1.6～3.2μm的除淬火钢以外的常用金属，可采用普通型数控车床，按粗车、半精车、精车的方案加工；公差等级为IT6～IT7级、表面粗糙度为R_a0.2～0.63μm的除淬火钢以外的常用金属，可采用精密型数控车床，按粗车、半精车、精车、细车的方案加工；公差等级为IT5级、表面粗糙度为$R_a<0.2$μm的除淬火钢以外的常用金属，可采用高档精密型数控车床，按粗车、半精车、精车、精密车的方案加工。

（3）工序的划分　在数控加工划分工序时，一定要根据零件的结构与工艺性、零件的批量、机床的功能、零件数控加工内容的多少、程序的大小、安装次数及本单位生产组织状况灵活掌握。

（4）工步顺序的安排　工步顺序的安排一般原则为先粗后精、先近后远、内外交叉。先粗后精即对粗、精加工在一道工序内进行的，应先对各表面进行粗加工，全部粗加工结束后再进行半精加工和精加工，逐步提高加工精度。先近后远中的远与近，是按加工部位相对于对刀点（起刀点）的距离远近而言的，在一般情况下，离对刀点远的部位后加工，以便缩短刀具移动距离，减少空行程时间。内外交叉指对既有内表面（内型、内腔）、又有外表面需加工的零件，在安排加工顺序时，通常应先进行内外表面的粗加工，后进行内外表面精加工。切不可将零件上一部分表面（外表面或内表面）加工完毕后，再加工其他表面（内表面或外表面）。

（5）进给路线的确定　确定进给路线的工作重点，主要在于确定粗加工及空行程的进给路线，因精加工切削过程的进给路线基本上都是沿其零件轮廓顺序进行的，故可不作为重点。合理安排进给路线可以在保证加工质量的前提下，使加工程序具有最短的进给路线，不仅可以节省整个加工过程的执行时间，还能减少一些不必要的刀具消耗及机床进给机构滑动部件的磨损等。若要实现最短的进给路线，除了依靠大量的实践经验外，还应善于分析，必要时可输以一些简单计算。完工轮廓的连续切削进给路线可安排一刀或多刀进行精加工，其零件的完工轮廓应由最后一刀连续加工而成，这时，对加工刀具的进、退刀位置要考虑妥当，尽量不要在连续的轮廓中安排切入和切出或换刀及停顿，以免因切削力突然变化而造成弹性变形，致使光滑连接轮廓上产生表面划伤、形状突变或滞留刀痕等缺陷。

4. 数控车削的常用刀具

数控车床在进行粗、精加工时，为了使粗加工能以较大的背吃刀量、较大的进给速度加工，要求粗车刀具强度要高、寿命长。为了保证精度，要求精车刀具精度要高、寿命长。

数控车削用的车刀一般分为三类，即尖形车刀、圆弧形车刀(图 4-3)和成形车刀。

1）以直线切削刃为特征的车刀一般称为尖形车刀，这类车刀的刀尖(同时也为其刀位点)由直线形的主、副切削刃构成，如 90°内、外圆车刀，左、右端面车刀，切槽(切断)车刀等。

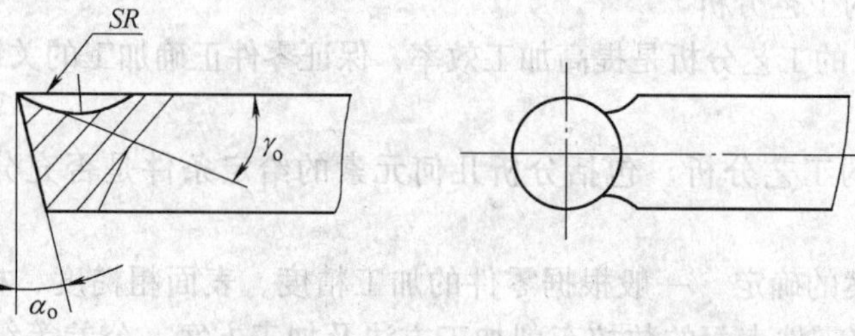

图 4-3 圆弧形车刀

2）圆弧形车刀是较为特殊的数控加工用车刀，其特征是主切削刃的形状为圆弧，该圆弧刃上每一点都是圆弧形车刀的刀尖，因此刀位点不在圆弧上，而在该圆弧的圆心上。圆弧形车刀可以用于车削内、外表面，特别适宜于车削各种光滑连接(凹形)的成形面。

3）成形车刀俗称样板车刀，此类车刀刀刃的形状和尺寸根据需加工零件的廓形来设计。数控车削加工中，常见的成形车刀有小半径圆弧车刀、非矩形车槽刀和螺纹车刀等。在数控加工中应尽量少用或不用成形车刀，当确有必要时需在工艺准备文件或加工程序单上进行详细说明。

4）数控机床大都采用已经系列化、标准化的刀具，刀柄和刀头可以进行拼装和组合。刀头的种类较多，如可调镗刀头、可转位车刀等。如图 4-4 所示为车刀和铣刀常用的可转位刀片。

如图 4-5 所示是数控车床与车削中心常用的刀具。

三、数控铣削

1. 简介

现代切削加工中，数控铣削是最常用的工艺方法之一，数控铣床在数控机床中所占比例也最大。数控铣床可用来加工零件的平面、斜面、侧面、内外轮廓、孔、螺纹等。从机床运动的分布特点来看，数控铣床也可以用作数控钻床或数控镗床，完成铣、镗、钻、扩、铰、

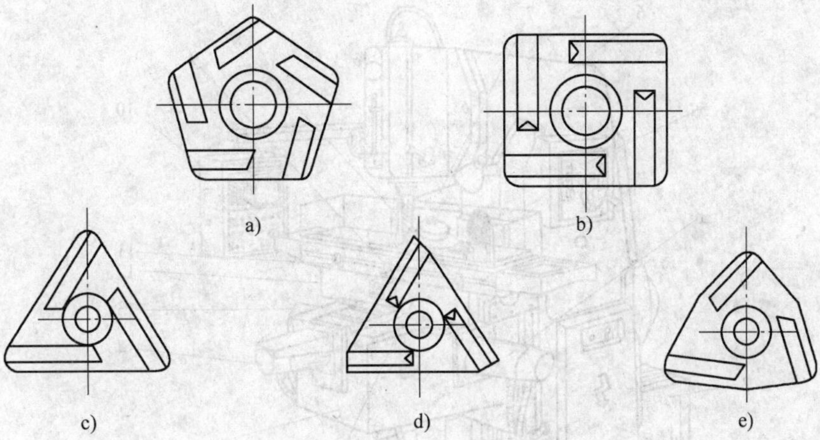

图 4-4 可转位机夹不重磨刀片

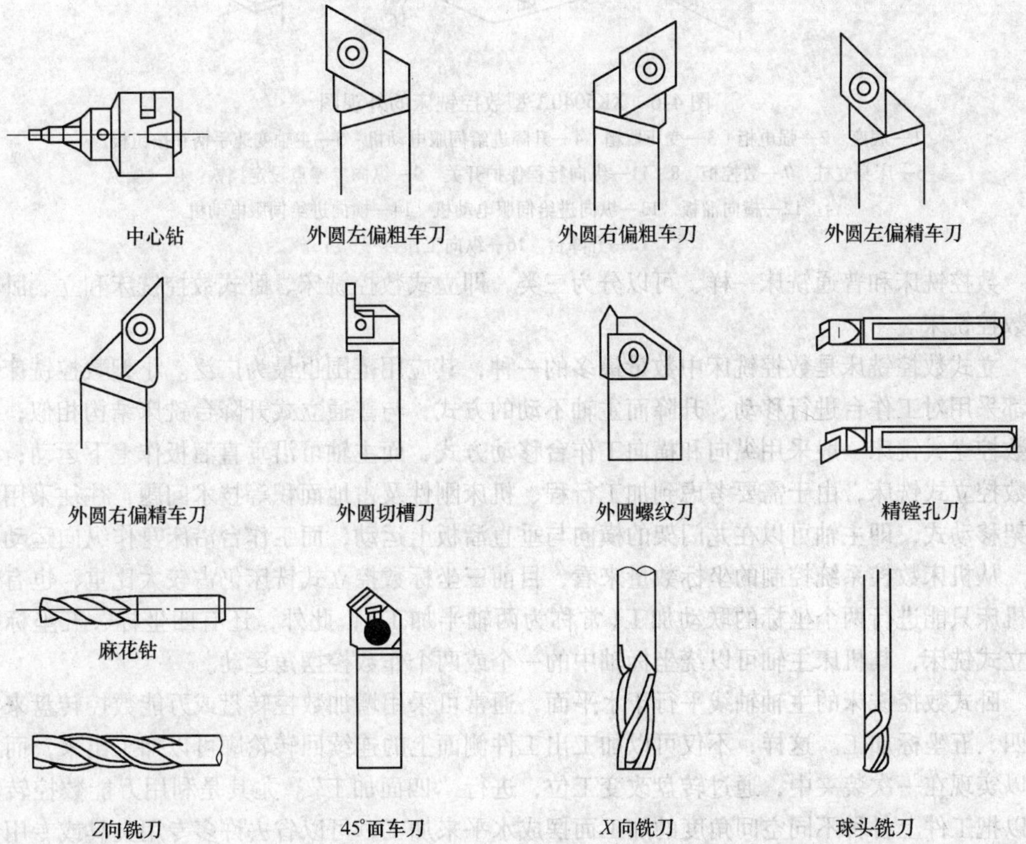

图 4-5 数控车床与车削中心常用的刀具

攻螺纹等工艺内容。

图 4-6 所示是 XK5040A 型数控铣床的外观图，机床主体包括床身、主轴、纵向工作台、横向溜板、升降台等，伺服装置包括纵向进给伺服电动机、横向进给伺服电动机、垂直升降进给伺服电动机等，数控装置包括 CRT 显示器、控制面板、强电控制系统、数控系统等。

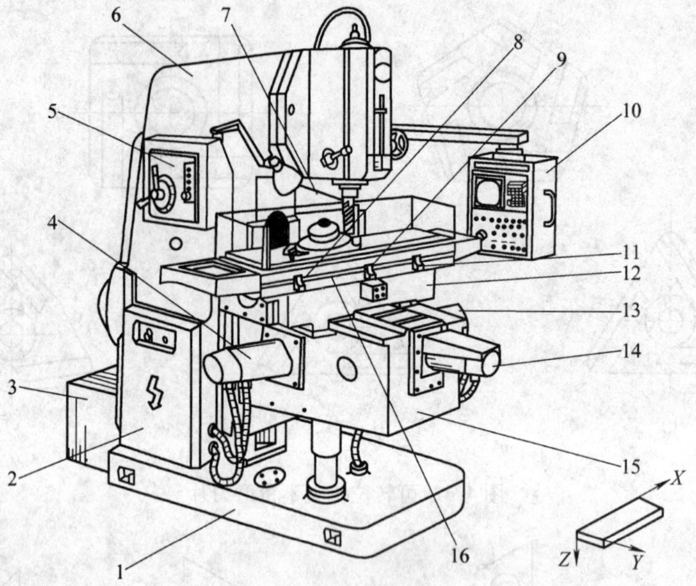

图 4-6　XK5040A 型数控铣床的外观图

1—底座　2—强电柜　3—变压器箱　4—升降进给伺服电动机　5—主轴变速手柄和按钮板　6—床身立柱　7—数控柜　8、11—纵向行程保护开关　9—纵向参考点设定挡铁　10—操纵台　12—横向溜板　13—纵向进给伺服电动机　14—横向进给伺服电动机　15—升降台　16—纵向工作台

数控铣床和普通铣床一样，可以分为三类，即立式数控铣床、卧式数控铣床和立、卧两用数控铣床。

立式数控铣床是数控铣床中数量最多的一种，其应用范围也最为广泛。小型数控铣床一般都采用对工作台进行移动、升降而主轴不动的方式，与普通立式升降台铣床结构相似；中型数控立式铣床一般采用纵向和横向工作台移动方式，而主轴可沿垂直溜板作上下运动；大型数控立式铣床，由于需要考虑到加工行程、机床刚性及占地面积等技术问题，往往采用龙门架移动式，即主轴可以在龙门架的横向与垂直溜板上运动，而工作台沿床身作纵向运动。

从机床数控系统控制的坐标数量来看，目前三坐标数控立式铣床仍占较大比重，也有部分机床只能进行两个坐标的联动加工（常称为两轴半加工），此外，还有四坐标、五坐标数控立式铣床，其机床主轴可以绕坐标轴中的一个或两个作数控摆角运动。

卧式数控铣床的主轴轴线平行于水平面，通常可采用增加数控转盘或万能数控转盘来实现四、五坐标加工。这样，不仅可以加工出工件侧面上的连续回转轮廓可以加工出来，而且可以实现在一次装夹中，通过转盘改变工位，进行“四面加工”。尤其是利用万能数控转盘可以把工件上各种不同空间角度的加工面摆成水平来加工，可以省去许多专用夹具或专用角度成形铣刀。对箱体类零件或需要在一次安装中改变工位的工件来说，选择带数控转盘的卧式铣床进行加工是非常合适的。

立、卧两用数控铣床的应用目前正在逐渐增多，这类铣床的主轴方向可以更换（自动和手动），实现了在一台机床上既可以进行立式加工，又可以进行卧式加工，给用户带来了很大的方便。采用数控万能主轴头的立、卧两用数控铣床，其主轴头可以任意转换方向，加工出与水平面成各种角度的工件表面。当立、卧两用数控铣床加装数控转盘后，就可以实现对工件的“五面加工”，即除了工件与转盘贴合的定位面外，其他表面都可以在一次装夹中进行加工，因此，其加工性能非常优越。

2. 数控铣削在模具加工中的应用

数控铣削加工在模具加工中的主要应用有：

（1）轮廓加工 采用数控铣床可以轻松地实现模具的轮廓加工，如加工冲压模的冲头、凹模和注塑模的镶块等。

（2）曲面加工 数控铣床可以加工各种复杂的曲面，并且在零件表面只留下很少的残余量。在注塑模及压铸模中用到最多的就是对模具型腔和型芯的加工，以及电极、镶块的加工。

（3）孔加工 在模具型芯加工中，常有顶尖孔、配合的定位孔等精度要求较高的孔，目前常使用数控铣床或者加工中心进行加工。运用数控加工一方面保证精度，另一方面也可以减少重复安装找正的时间，大大缩短了模具制造的周期。

3. 数控铣削的工艺分析

数控铣削加工的工艺分析是提高加工效率，保证零件正确加工的关键。工艺分析包括以下几个方面：

（1）分析零件的加工工艺性 包括分析零件的哪些表面适合数控铣削加工，完整加工此零件所涉及的毛坯材料及形状、刀具等一系列准备方案。

（2）确定零件的装卡方法和夹具 争取一次装卡就能加工零件的所有加工表面，避免由于多次装夹产生加工误差。

（3）零件坐标系和编程坐标系吻合 应保证正确对刀，确保编程坐标系在毛坯上的位置映射，保证所需加工零件的形体在毛坯的范围内。否则不能保证正确地加工出零件。对刀点不同，也会影响所加工零件相对毛坯的位置。

（4）确定加工路径 加工路径即是加工的先后顺序，一般采用先粗加工，然后半精加工，最后精加工的顺序。对于较简单的零件，粗加工一般在普通机床上完成，对于必须要在数控铣床上才能完成粗加工的复杂模具，要事先规划好粗铣的方式以及每刀的背吃刀量。在半精加工和精加工阶段，不但要规划好加工面的先后顺序，还要规划好刀具的使用顺序。一般是遵循先用大直径刀具切除大部分加工量，后用小直径刀具进行补加工及清角等加工。

4. 数控铣削的常用刀具

与传统的加工方法相比，数控加工对刀具的要求更高，既要求精度高、刚度好、寿命长（尺寸稳定），又要求安装调整方便。其中，刚性与刀具寿命是最主要的。若铣刀刚性不好，轴线发生弯曲，则刀具的实际走刀路径并非编程人员编制的走刀路径，这便会导致加工形状误差；当需要长时间加工时，若刀具磨损很快，容易导致加工精度降低。另外，要求刀具有很好的排屑性，否则金属屑粘在刀具上会影响零件加工的表面质量及精度。因此，选择刚性好、寿命长的铣刀，是充分发挥数控铣床的生产效率和获得满意的加工质量的前提。

常用的铣刀有盘铣刀、面铣刀、立铣刀、片铣刀、球头刀、成形铣刀和鼓形铣刀。在数控雕刻中则用小型锥指铣刀来雕刻细小的文字及花纹。

1）盘铣刀一般采用在盘状刀体上机夹刀片，常用于铣削较大的平面。

2）面铣刀（也称为圆柱铣刀）广泛用于加工平面类零件，除用其端刃铣削外，也常用其侧刃铣削，有时端刃、侧刃同时进行铣削。盘铣刀与面铣刀的区别在于盘铣刀的刀体直径较大，盘状刀体的中心孔也较大。

3）立铣刀与钻头外形相似，二者的区别在于立铣刀的侧向有刀刃，而钻头的侧向开槽只起导向与排屑作用，并没有切削刃。

4）片铣刀为圆片状，常用于切槽、切断、铣螺旋槽等加工。

5）球头刀适用于加工空间曲面，也用于平面类零件较大的转接凹圆弧处的过渡加工。

6）成形铣刀是为特定的工件或加工内容（如角度面、凹槽面等）专门设计制造的。

利用不同类型的铣刀，可以完成各种平面、侧面、台肩、沟槽、型腔以及各种成形表面的多坐标铣削加工。

近年来，国内外出现了很多新型的高效铣刀，这些铣刀主要在材料、几何形状、制造工艺上进行改进，提高了刀具的切削性能。

四、加工中心

1. 加工中心概述

加工中心（Machining Center，即 MC）是在数控镗或数控铣的基础上，增加自动换刀装置，实现一次装夹工件后，可以连续对工件自动进行钻孔、扩孔、铰孔、镗孔、攻螺纹、铣削等多工序加工的机床。加工中心机床又称多工序自动换刀数控机床。加工中心一般带有自动分度回转工作台或主轴箱可从自动改变角度，从而在一次装夹工件后，自动完成多个平面或多个角度位置的多工序加工，使工序高度集中；加工中心能自动改变主轴转速、进给量和刀具相对工件的运动轨迹；如果带有交换工作台，可使工件在工作位置的工作台上进行加工的同时，在装卸位置的工作台上装卸工件，以提高工作效率。

加工中心主要由以下几部分组成：

1）基础部件由床身、立柱和工作台等部件组成。它们主要承受加工中心的静载荷以及在加工时产生的切削负载，因此必须具有足够的刚度。

2）主轴部件由主轴箱、主轴电动机、主轴和主轴轴承等零件组成。主轴的启、停和变速等动作由数控系统控制，并通过装在主轴上的刀具参与切削运动，它是切削加工的功率输出部件。

3）进给机构由进给伺服电动机、机械传动装置和位移测量元件等组成。它驱动工作台等移动部件形成进给运动。

4）数控系统（CNC）：加工中心的数控部分是由 CNC 装置、可编程控制器、伺服驱动装置以及操作面板等组成。它是完成加工过程的控制中心。

5）自动换刀系统（ATC）：自动换刀装置（Automatic Tool Changer）由刀库、机械手等部件组成。当需要换刀时，数控系统发出指令，由机械手（或通过其他方式）将刀具从刀库内取出并装入主轴孔中。

6）辅助装置包括润滑、冷却、排屑、防护、液压、气动和检测系统等部分。

有些加工中心是以回转体零件为加工对象，如车削中心；但大多数加工中心是以非回转体零件为加工对象，如立式加工中心和卧式加工中心。加工中心的分类如下：

（1）立式加工中心　立式加工中心的主轴处于垂直状态，如图 4-7 所示，多为固定立柱式，工作台为长方形，无分度回转功能，适合加工盘类零件。立式加工中心的结构简单，占地面积小，而且装夹工件方便，便于操作，易于观察加工情况，因此应用广泛。但受立柱高度及换刀装置的限制，立式加工中心不能加工太高的零件，且在加工内凹的形面时切屑不易排除。

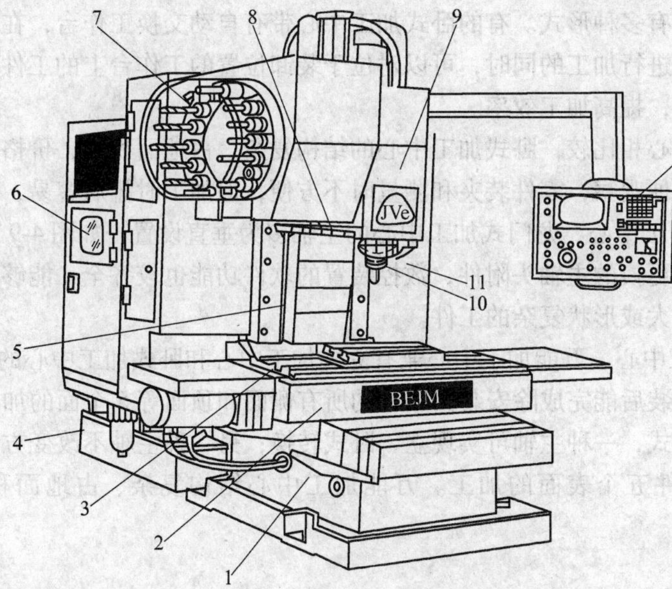

图 4-7　立式加工中心

1—床身　2—滑座　3—工作台　4—润滑油箱　5—立柱　6—数控柜　7—刀库
8—机械手　9—主轴箱　10—主轴　11—驱动电柜　12—操作台

（2）卧式加工中心　卧式加工中心的主轴处于水平状态，如图 4-8 所示，通常都带有可

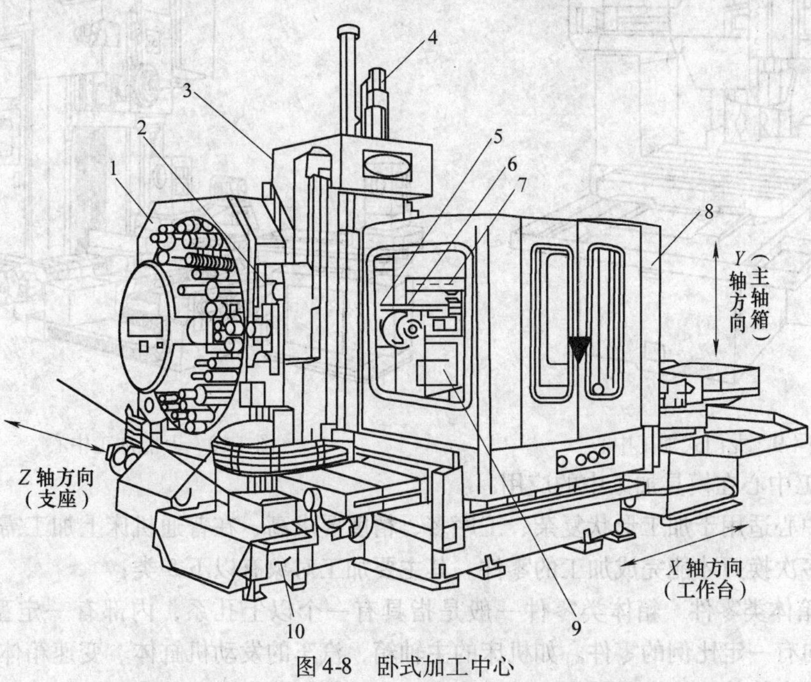

图 4-8　卧式加工中心

1—刀库　2—换刀装置　3—支座　4—Y 轴伺服电动机　5—主轴箱　6—主轴
7—数控装置　8—防溅挡板　9—回转工作台　10—切屑槽

进行分度回转运动的正方形工作台。一般具有 3 ~ 5 个运动坐标，常见的是三个直线运动坐标加一个回转运动坐标，它能够使工件在一次装夹后完成除安装面和顶面以外的其余四个面的加工，最适合加工箱体类零件。

卧式加工中心有多种形式。有的卧式加工中心带有自动交换工作台，在对位于工作位置的工作台上的工件进行加工的同时，可以对位于装卸位置的工作台上的工件进行装卸，从而大大缩短辅助时间，提高加工效率。

与立式加工中心相比较，卧式加工中心的结构复杂，占地面积大，价格也较高。卧式加工中心在加工时不便观察，零件装夹和测量时不方便，但加工时排屑容易，对加工有利。

（3）龙门式加工中心　龙门式加工中心的主轴多为垂直设置，如图 4-9 所示，一般带有自动换刀装置和可更换的主轴头附件，数控装置的软件功能也较齐全，能够一机多用，尤其适用于加工体积较大或形状复杂的工件。

（4）万能加工中心　万能加工中心兼有立式加工中心和卧式加工中心的功能，如图4-10所示，工件一次安装后能完成除安装面以外的所有侧面和顶面等 5 个面的加工。常见的万能加工中心有两种形式，一种主轴可实现立、卧式转换；另一种主轴不改变方向，工作台可旋转 90°，完成对工件五个表面的加工。万能加工中心结构复杂、占地面积大，使用数量较少。

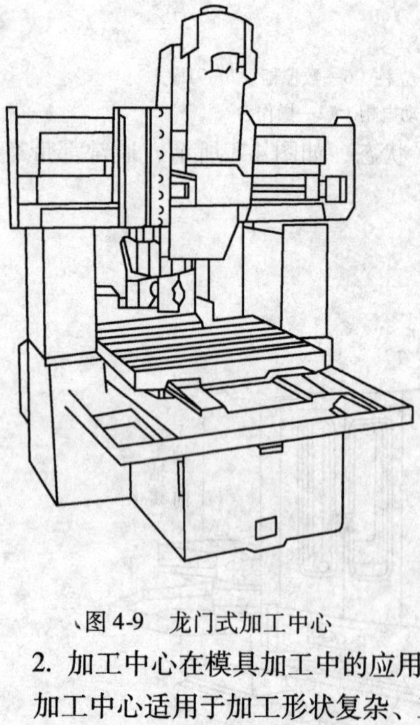

图 4-9　龙门式加工中心

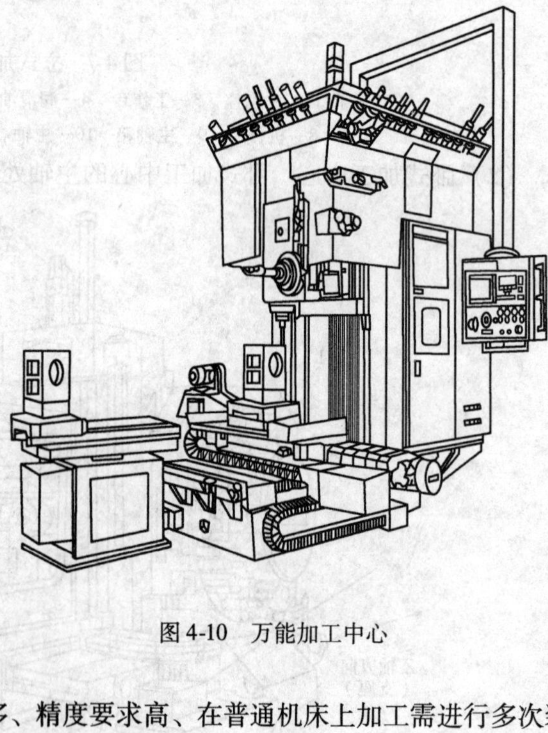

图 4-10　万能加工中心

2. 加工中心在模具加工中的应用

加工中心适用于加工形状复杂、工序多、精度要求高、在普通机床上加工需进行多次装夹找正和多次换刀才能完成加工的零件。其主要加工对象有以下 5 类：

（1）箱体类零件　箱体类零件一般是指具有一个以上孔系，内部有一定型腔，在长、宽、高方向有一定比例的零件。如机床的主轴箱，汽车的发动机缸体、变速箱体，柴油机缸体，齿轮泵壳体等。这类零件在机械、汽车、飞机等行业中应用较多。

箱体类零件一般都需要进行多工位孔系及平面加工，形位公差要求较为严格，通常要经过铣、钻、扩、铰、锪、镗、攻螺纹等工序。这类零件在加工中心上加工，一次装夹便可完成90%的工序内容，零件各项精度一致性好，质量稳定，同时能够显著缩短生产周期，降低成本。

（2）复杂曲面 飞机、汽车的形面、凸轮、叶轮、螺旋桨等各种复杂曲面成形模具，在机械制造业，特别是航空航天、汽车、船舶、国防工业中占有重要地位。采用普通机床难以完成，甚至是无法完成复杂曲面的加工，这类零件也是数控机床的主要加工对象。

复杂曲面型腔模具如注塑模具、橡胶模具、吸塑模具、发泡模具、压铸模具等，可用加工中心加工。由于工序高度集中，动模、定模等关键零件的精加工基本上可以在一次安装中完成全部机加工内容，减少了尺寸累计误差和修配工作量，凡刀具可及之处，都可由机加工完成。这样，减少了使模具钳工的工作量，缩短了加工时间。

（3）异形件 异形件是指外形不规则的零件，例如支架等。异形件的刚性一般较差，在普通机床上加工时难以控制装夹变形以及切削变形，且加工精度也很难保证，这时就可充分发挥加工中心的工序集中的特点，通过采用合理的工艺措施，以一、两次装夹来完成多道工序或全部的加工内容。

（4）盘、套、轴、板类零件 如带法兰的轴套，带有键槽、径向孔或方头的轴类零件和带有较多孔的板类零件等。端面有分布孔系或曲面的盘、板类零件宜选用立式加工中心，有径向孔的套类零件可选用卧式加工中心。

（5）特殊加工 配合一定的工装和专用工具，利用加工中心可完成一些特殊的工艺内容。例如，在金属表面上刻字、刻图案；在加工中心的主轴上装上高频电火花电源，还可对金属表面进行线扫描表面淬火；在加工中心上装上高速磨头，则可进行各种曲线、曲面的磨削。

3. 加工中心的工艺分析

由于加工中心的加工能力特别强，所以在加工中心上加工零件时，从加工工序的确定、刀具的选择、加工路线的安排，到数控程序的编制，都要比其他数控机床复杂一些。由于零件的加工工序多，使用的刀具种类多，甚至于要在一次装夹后完成粗加工、半精加工及精加工，所以周密合理地安排各加工工序的顺序有利于提高加工精度和加工效率。

加工中心的选刀与换刀是分开进行的，选刀可与机床加工重合进行，即利用切削时间进行选刀。换刀动作则必须在主轴停转条件下进行，主轴返回换刀点（通常立式加工中心规定换刀点位置在机床 Z 轴零点处，卧式加工中心规定在机床 Y 轴零点处），换刀完毕后起动主轴，方可进行后面程序段的加工内容。除换刀程序外，加工中心的编程方法与数控铣床基本相同。但由于增加了换刀环节，在划分工序内容时可以有如下几种方法。

（1）按刀具划分 减少换刀次数可以减少空程时间和定位误差，因此，可采用按刀具集中工序的方法，即用同一把刀加工完成工件上加工要求相同的表面后，再更换另一把刀来加工其他表面。

（2）按粗、精加工划分 当工件形状、尺寸精度及工件的刚度和变形等许可时，可按粗、精加工分开的原则划分工序，先进行粗加工，后进行精加工。

（3）按先面后孔的原则划分 在工件上既有面又有孔时，要采用先加工面后加工孔的工序划分方法，这样可以提高孔的加工精度。

（4）按程序长短划分 复杂模具型腔要加工的表面很多，如果要加工全部表面，则可能造成程序长度过长，导致计算机内存不足。因此，在划分工序时要合理控制加工程序的长度。

另外，当工件加工工序较多时，为了便于程序的调试，一般将各工序内容分别安排在不同的子程序中，主程序主要完成换刀及子程序的调用。这种安排便于按每一工序独立地调试程序，也便于加工顺序的调整。

五、数控磨削

1. 数控磨削加工简介

磨削加工是一种应用十分广泛的精加工方法。数控磨削与普通磨削相比，由于引入了数字控制，使其应用范围更加广泛。数控磨削可除磨削简单的面如平面、圆柱及圆锥等零件以外，还可以磨削圆环面和各种复杂面的组合面。

在模具加工中，冷冲裁模具的凸、凹模，模具推出机构所用的异形推杆及异形成形镶块等零件的最终精加工，经常采用数控坐标磨削加工工艺。进行数控坐标磨削的加工过程中，被加工零件处于固定状态，磨削的轮廓运动由磨头的公转和自转完成，上、下进给运动由磨头套筒的上、下往复运动完成。坐标磨床配置各种附件后，可以磨削形状特别复杂及精度要求很高的零件，模具中形状复杂、硬度和精度同时要求很高的零件主要采用数控坐标磨削加工，因此，这里将重点介绍数控坐标磨削技术。

2. 数控坐标磨削

（1）数控坐标磨床的特点　数控坐标磨床采用超硬磨料磨具，应用高速、高效、高精度磨削新工艺，是现代机械制造中实现精密加工、超精密加工最有效、应用最广的关键设备。以美国穆尔公司(Moore)生产的Moore450CPR坐标磨床和瑞士豪泽公司(Hauser)生产的HauserS35-400坐标磨床为例，数控坐标磨床的特点如下：

1）高速电动磨削砂轮转速可达2500～90000r/min；气动磨削可达160000r/mim以上。

2）高精度最小进给量为0.0001mm，分辨率为0.00001mm；定位精度为全程0.002mm。

3）全闭环控制采用GE/FANUC六轴(X、Y、Z、U、W、C)四联动全闭环数控系统。

4）具备多功能测量系统MSS、Auto-Size等。

5）采用超硬磨料磨具如CBN砂轮等。

6）机床具有较高刚度、良好的抗振性和热稳定性。

（2）数控坐标磨床的运动特点　数控坐标磨床主要由床身、工作台、磨头、控制部分、液压电器部分组成。磨头是坐标磨床的主要部分，它能进行自转、公转(行星运动)、径向进给、上下往复运动(冲程运动)。图4-11所示为坐标磨床的运动简图。

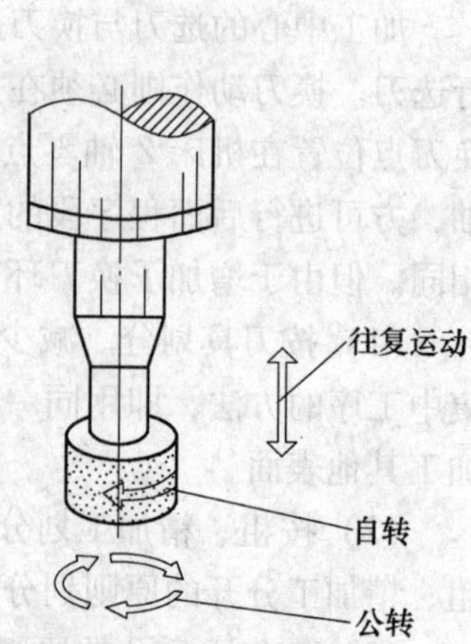

图4-11　坐标磨床的运动简图

1）自转：砂轮轴高速转动，其转速根据砂轮直径可调，一般为9000～180000r/min，且最高可达250000r/min。

2）公转：砂轮轴线绕磨孔中心作行星运动，转速较低，一般为10～300r/min。

3）冲程运动：即砂轮轴上下往复运动，其运动速度一般为500～10000mm/min。

4）进给运动：通过调节公转半径，实现加工的径向进给运动。

5）工作台的移动：工作台的移动精度很高，其定位精度及重复定位精度可达0.002mm。

（3）数控坐标磨削的基本方式 数控坐标磨削的基本方式有如下几种：

1）径向进给式磨削：利用砂轮的圆周面进行磨削，进给时每次砂轮沿着偏心半径的方向对工件作少量的进给。这是一种最基本的磨削方式。采用这种方式加工时砂轮受较大的挤压力，每次进给量较小，发热量较大，要有较长的去火花清磨时间。该方式适用于磨削各种内孔和外圆柱面。

2）切入式磨削：这种方式是采用砂轮的端面进行磨削，所以也称为端面磨削。这种磨削的进给是轴向进给，热量及切屑不易排出，为了改善磨削条件，需将砂轮的底端面修成凹陷状。采用这种方式磨削时进给量要小，以免发生砂轮爆裂。

3）插磨法磨削：这种磨削方式是砂轮快速上下移动的同时，对零件的环形轮廓进行成形磨削，该方式的特点是可以采用较大的磨削进给量而产生的磨削热量较小。在连续轨迹的数控坐标磨床中，插磨法是一种主要的磨削方式。

（4）数控坐标磨削的工艺特点 数控坐标磨床是高精度的模具加工设备。在磨削加工开始前，必须对工件和量具进行清洁，且两者需同温。数控坐标磨削的磨削余量按前道工序可保证的形位公差和热处理情况决定，一般单边留0.05～0.03mm。磨削过程中一般磨孔径向连续切入时进给量为0.1～1mm/min，轮廓磨削始磨0.03～0.1mm/次，终磨0.001～0.05mm/次，进给速度一般取10～30mm/min。视工件材料、砂轮性能、冲程长度、冲程速度等调整进给量和进给速度。使用主轴冲程运动加工轮廓时，最终还需光磨3～5次，以消除机床固有的运动轨迹或弹性变形造成的误差。

（5）数控坐标磨削在模具加工中的应用 数控坐标磨削在模具加工中主要有以下几种基本磨削方法：

1）磨削一般成形零件。

① 磨削内孔表面：图4-12a所示是利用砂轮的高速自转往复运动完成内孔的磨削。进行内孔表面磨削时，砂轮的直径一般取孔直径的3/4左右，磨削小孔表面时，可不作行星运动，仅依靠砂轮的高速自转完成，但加工后的表面质量不高，有明显的加工痕迹。

② 磨削外圆表面：图4-12b所示是利用砂轮的高速自转、行星运动和轴向直线往复运动完成外圆表面。进给量是通过缩小行星运动的直径来完成的。

③ 磨削锥孔表面：图4-12c所示磨削锥孔表面时可将砂轮修整成锥形来完成，也可利用机床上专门的磨锥孔机构使砂轮在轴向进给的同时连续改变行星运动的半径来完成。

④ 磨削沉孔表面：图4-12d所示基本运动与磨削内孔表面时相同，但同时必须控制主轴的行程，使其作轴向进给，才能完成对底面沉孔表面的磨削。也可先磨到沉孔的深度尺寸，然后再进行径向进给磨削，沉孔的底面是端磨削，表面粗糙度值大于侧面，故底面还需进行研磨。

⑤ 磨削侧表面：图4-12e所示磨削侧面成形表面时，砂轮仅作高速自转而不作行星运动，用工作台实现进给运动。这种方法适用于平面轮廓的精密加工。

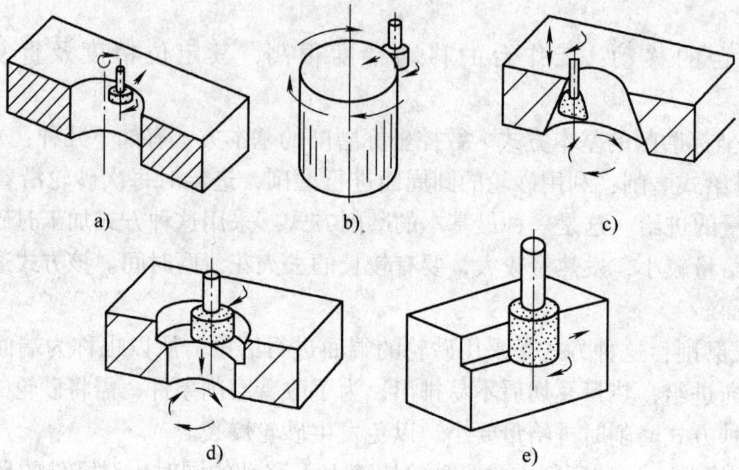

图 4-12　磨削一般成形零件的方法

2）磨削特殊成形零件。

① 内凹复杂曲面：在数控坐标磨床上将砂轮修整成形，磨削时，砂轮高速旋转，但不作行星运动，主轴也不作上下往复运动，同时调整砂轮主轴的位置，驱动工作台使工件在水平面内作平面移动，如图 4-13a 所示。

② 复杂型平面轮廓：磨削时砂轮高速旋转，主轴作上下往复运动，同时驱动工作台使工件在水平面移动，如图 4-13b 所示。

③ 空间复杂曲面：采用圆柱形或球形砂轮，如图 4-13c 所示。

④ 侧槽磨削：采用专用的磨槽机构，在磨槽机构上砂轮直立旋转，同时主轴作上下往复运动，如图 4-13d 所示。

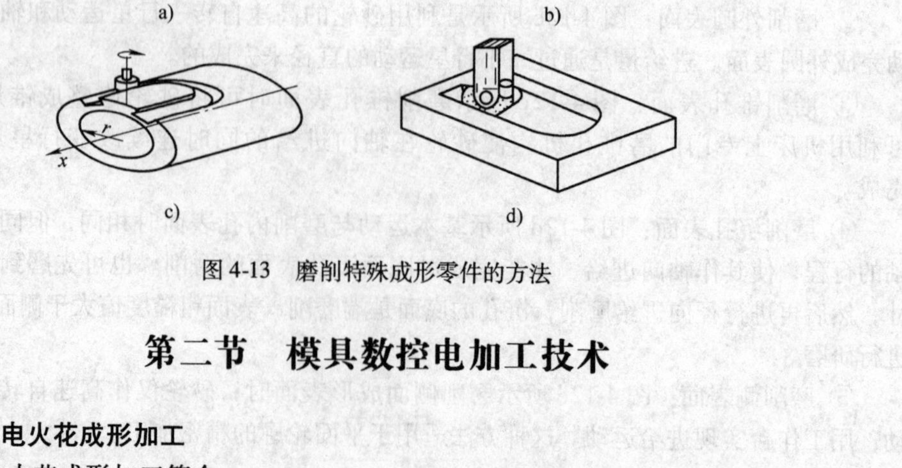

图 4-13　磨削特殊成形零件的方法

第二节　模具数控电加工技术

一、数控电火花成形加工

1. 数控电火花成形加工简介

电火花加工(Electric Discharge Machining,即 EDM)是通过工具(电极)和工件之间的脉冲放电以腐蚀工件上的多余材料，从而达到对零件尺寸、形状和表面质量的加工要求。工件与工具分别与脉冲电源的正、负极相接，两者之间充满绝缘介质(工业用油)并保持一定的放电间隙，当两极间加上脉冲电压后，在间隙最小处和绝缘强度最低处将绝缘介质击穿，形成火花放电，并在放电瞬时产生大量的热，达到很高的温度，使金属材料逐步熔化、汽化，使工件和电极表面都蚀除掉一小部分材料。

数控电火花机床的运动坐标一般为 X、Y、Z 轴及控制电极回转分度的 C 轴。数控电火花机床可以进行 X、Y、Z 及 C 轴正负 8 个方向的加工。可以进行摇动加工、斜度加工及螺旋加工等两轴联动加工，也可以进行锥体加工及三维轮廓的三轴联动加工。

数控电火花加工能加工普通机械加工方法难以加工的材料和复杂形状的工件，它具有以下特点：加工时无切削力，加工表面平整不产生毛刺和切刀痕，采用特殊工艺可以达到近似镜面的效果；排屑良好，电极的侧面及底面可以同时进行加工，电极底面损耗小；如采用摇动加工加适当控制方式，则可以防止放电集中，防止石墨电极加工时的石墨成长堆积现象；可以实现无人操作；可以加工深孔及深而窄的槽。

2. 数控电火花加工在模具制造中的应用

(1) 高硬度模具零件的加工　采用电火花加工可以不受材料硬度的影响，对于某些要求硬度较高或特别高的模具零件，如滑块、顶块等零件，在淬火后其表面硬度高达 50HRC 以上，仅可用电火花加工。

(2) 型腔尖角部位的加工　如锻模、塑料模、压铸模、橡胶模等各种模具的型腔中常存在着一些尖角部位，在常规机械加工中由于存在刀具半径而无法加工到位，若用电火花成形加工则可以完全成形。

(3) 模具上的肋和窄槽的加工　压铸件或者塑料件的各种窄长的加强肋在模具上表现为下凹的深而窄的槽，使用电火花的电极可以很方便地对这些部位进行加工。

3. 数控电火花的工艺特点

(1) 基本工艺特点　数控电火花加工是一个复杂的工艺过程，涉及的电参数有放电时间、击穿延时、脉冲宽度、脉冲间隔、放电电流和峰值电流等，工件材料、电极材料以及加工要求是选择各工艺参数的重要依据。

影响材料放电蚀除速度的主要因素有极性效应(放电时，由于正负极性不同导致放电蚀除量不同的现象)、电参数、材料、面积效应等。粗加工时一般采用负极性加工，此时加工速度高，但电极的损耗大；精加工时一般采用正极性加工，此时加工速度慢，但电极的损耗相对较小。影响工件表面质量的主要指标有表面粗糙度、表面变质层、表面微裂纹等。影响加工精度的主要因素有放电间隙、电极精度、电极损耗、电极材料、电参数和冲液条件等。

(2) 模具型腔电火花加工的工艺特点　在模具加工中，数控电火花主要用于型腔加工，型腔电火花加工的工艺特点如下：

1) 电极精度要求较高：由于电火花成形加工是“仿形”加工，型腔的形状主要取决于电极的仿形精度，所以工具电极的制造精度要求较高。

2) 电极损耗要小：由于工具电极的损耗也直接影响加工的精度，因而从粗加工、半精加工到精加工都要保持电极的低损耗或无损耗。

3) 电规准调节范围大：型腔加工是变截面不通孔加工，在加工过程中加工面积的变化可能很大，电蚀产物排除条件通常较差，这就要求电规准能够在较大范围内调节。各种模具型腔的大小、形状往往相差悬殊，不同的加工对象要选择不同的加工规准，在加工过程中电规准还可能要变换，因而要求操作者要熟悉每一组选用的电规准的加工效果。

4）蚀除量大、表面粗糙度要求严格：除了小型或形状复杂的模具型腔可以不用预加工外，大多数模具型腔都需要预加工，留出合理的电加工余量。即使经过预加工，与穿孔加工相比，蚀除的加工余量仍然较大，因此要求粗加工具有较高的加工速度。

4. 电极的设计和材料的选择

（1）电极的设计　电火花加工时，电极的设计很重要，应针对模具形状的复杂程度、工件与电极的材料、加工时拟选用的电参数等确定电极的结构和各部分尺寸。

1）加工型腔模具时，与主轴头进给方向垂直的电极截面尺寸应取为相应型腔的中间公差尺寸加(或减)双边或单边放电间隙。

2）对于某些注塑模具，可以直接用塑料样件制作电极。将塑料样件清除毛刺，进行表面处理，彻底清除油污后，通过化学手段在塑料样件表面沉积一层银或铜。然后放入镀槽中进行快速电镀(又称电铸)，镀层厚约1mm，再将其与塑料样件剥离，就可获得塑料样件的阴模，对此阴模进行电镀，使电镀层厚度大约为3～4mm后，将其与阴模剥离，即可获得加工此塑料样件注塑模用的电极。

3）对于冷冲模，为保证型孔精度，电极的有效长度(总长度减去夹持部分后剩余的长度)通常取型孔工件高度的2～3倍。当需要一个电极加工多个型孔时，则应考虑电极的损耗，尤其是长度方向的损耗，应适当加大电极的有效长度。

4）型腔电极的设计。由于型腔是三维的，型腔电极不但需要考虑横断面的形状与尺寸，还需要考虑垂直断面的形状与尺寸，有时还要根据电极损耗的试验数据适当调整某些尺寸，在某些部位还需加开排气孔或冲液孔。

（2）电极材料的选择　电火花成形加工常用电极材料的性能及特点见表4-1。

表4-1　电极材料的性能及特点

电极材料	钢	铸铁	紫铜	石墨	黄铜	铜钨、银钨合金
加工稳定性	较差	一般	好	较好	好	好
电极损耗	一般	一般	一般	较小	较大	小
机加工性能	好	好	差	较好	好	一般
特点	常用于冲压模具加工	常用于加工冷冲模的电极	磨削困难，不宜作为微细加工用电极	机械强度较低，适用于大模型加工用电极	损耗大，用于可进行补偿的加工场合	价格偏贵，特别适宜微细加工

实际生产中，加工大型塑料模具的型腔时，大都采用石墨电极；加工中、小型模具时一般采用铜电极。但对于加工要求精度高或表面质量高的模具，有时需要采用铜钨或银钨合金制作电极。电极的制作一般要考虑如下几点：

1）电极的材耗。

2）电极材料的加工性能。

3）电火花加工特性。

4）电极的加工方法及加工精度。

5）被加工零件的精度要求。

6）加工面积。

二、数控电火花线切割

1. 数控电火花线切割简介

数控电火花线切割加工利用细金属丝作电极，其基本原理与电火花成形加工相同，但加工方式不同。线切割加工时，线电极一方面相对工件不断地往上(下)移动(慢速走丝是单向移动,快速走丝是往返移动)，另一方面，装夹工件的十字工作台，由数控伺服电动机驱动，在 X、Y 轴方向实现切割进给，使线电极沿加工图形的轨迹，对工件进行切割加工。电火花线切割加工机床根据电极丝运行速度的不同分为快走丝和慢走丝两种机床。

电火花线切割加工适合于机械加工方法难于加工的材料的加工，如淬火钢、硬质合金、耐热合金等。金属丝线为工具电极，节约了电极设计和制造的费用和时间，能方便地加工形状复杂的外形和通孔，能进行套料加工。冲模加工的凸凹模间隙可以任意调节。

2. 数控电火花线切割在模具制造中的应用

数控电火花线切割广泛用于加工冲模、挤压模、塑料模以及电火花型腔膜用的电极等。由于数控电火花线切割加工精度和加工速度的迅速提高，目前已达到可以和坐标磨床相竞争的程度。数控电火花线切割主要有以下应用领域：

（1）平面形状的金属模加工　如冲模、粉末冶金模、拉拔模和挤压模。

（2）立体形状的金属模加工　冲模用凹模的退刀槽及塑料模等分型面的加工。

（3）电火花成形加工用电极制作　形状复杂的微细电极的加工、一般穿孔用电极的加工和带锥度型模电极的加工。

（4）试制品及零件加工　试制零件的直接加工、批量少品种多的零件的加工、特殊材料零件的加工及材料试件的加工。

（5）轮廓量规的加工　各种卡板量具的加工、凸轮及模板的加工和成形车刀的成形加工。

（6）微细加工　化纤喷嘴的加工、异型槽和窄槽的加工。

3. 数控电火花线切割的工艺特点

（1）电火花线切割加工工艺指标

1）切割速度：即单位时间内电极丝中心线在工件上切过的面积总和，快走丝线为 40～80mm^2/min，慢走丝可达 350mm^2/min。

2）切割精度：快走丝线切割精度可达 0.01mm，一般为 ±0.015～0.02mm；慢走丝线切割精度可达 ±0.001mm 左右。

3）表面粗糙度：快走丝线切割时表面粗糙度值一般为 1.25～2.5μm，最低为 0.63～1.25μm；慢走丝线切割的 R_a 值可达 0.3μm。

（2）影响工艺指标的主要因素

1）主要参数的影响。

① 增大峰值电流，提高加工速度，但表面粗糙度会变差，电极丝损耗比也会加大甚至断丝。

② 加大脉冲宽度可提高加工速度，但表面粗糙度会变差。

③ 脉冲间隔减小时平均电流增大，切割速度加快，但过小会引起电弧和断丝。

2）电极丝对走丝速度的影响。

① 电极丝直径的影响：电极丝直径越粗，切割速度越快，而且还有利于厚工件的加工。

② 电极丝走丝速度的影响：在一定范围内，随着走丝速度的提高，线切割速度也可以提高。但如果走丝速度过高，将使电极丝的振动加大，降低工作精度和切割速度，并使表面粗糙度变差，且易造成断丝，一般高速走丝以小于10m/s为宜。

3）工件厚度及材料的影响。工件材料薄，工作液容易进入并充满放电间隙，对排屑和消电离有利，加工稳定性好。但工件太薄，金属丝易产生抖动，对加工精度和表面粗糙度不利。工件太厚，工作液难于进入和充满放电间隙，加工稳定性差，但电极丝不易抖动，因此精度和表面粗糙度较好。

4）工作液的影响。进行电火花线切割时，工作液的选择也直接影响着加工的精度及速度。线切割一般采用离子交换水作为工作液，所用的离子交换水的电导必须降低到一定程度才能使用(降低到电导为10～20μS左右)。采用离子交换水的最大优点是操作容易，加工速度快。但是通过水施加电压时，不仅会出现物理放电现象，还会引起电解腐蚀(化学反应)，从而在被加工的零件上产生电蚀及锈蚀现象。当加工硬质合金时，则会使粘结剂中的钴产生选择性的溶解。采用油作为工作液的优点是绝缘电阻值高且稳定，可以进行细微放电，能获得小而稳定的放电间隙，因此可以进行精度要求很高的精密加工，尤其有利于进行硬质合金零件加工及采用直径小于0.1mm的线电极进行加工。采用油作为工作液时必须注意的问题是应防止工作液燃烧。

第三节　模具高速加工技术

一、高速加工概述

1. 高速加工的含意

高速加工(High Speed Cutting，即HSC)的起源可追溯到20世纪20年代末期。德国的切削物理学家萨洛蒙(Carl Salomon)博士于1929年进行了超高速模拟实验。并于1931年4月发表了著名的超高速切削理论，提出了高速切削假设。Salomon理论“采用较高的切削速度”在1931年获得了一项德国专利，在该理论中他指出：在一定的切削速度(比常规加工速度高5～10倍)下，在切削刃处的切屑去除温度将会开始降低。结论是：这种高速加工将有可能在较高的切削速度下采用普通刀具进行加工而提高生产率。

其研究成果表明：随着切削线速度的增加，温度及刀具磨损会剧烈增加，当切削线速度达到某临界值时，切削温度及切削力会减小，后又随着切削速度的增加而急剧增加。从图4-14所示可以看出，以刀具磨损的切削力为限制条件，前一个低于该值的区域是传统加工，后一个低于该值的区域为高速加工。由此也可看出，不同材料有不同的加工临界值，有其高速加工的特定范围。刀具材料与质量是高速加工主要的限制条件，故高速加工不仅决定于主轴速度与刀具直径，还与所切削的材料、刀具寿命及加工工艺等综合因素有关。

有关高速加工的讨论在某些程度上是混淆的。如今存在许多意见、许多说法和许多不同的方式来定义高速加工。这里主要关注塑料模具、压铸模具、冲压模具及锻模等用的合金模具钢的高速加工，这种材料的硬度一般超过50HRC，故高速加工的限制因素主要是刀具寿命，而非铝加工中的主轴速度。对于小型模具结构的加工，主轴速度可达40000r/min以上，

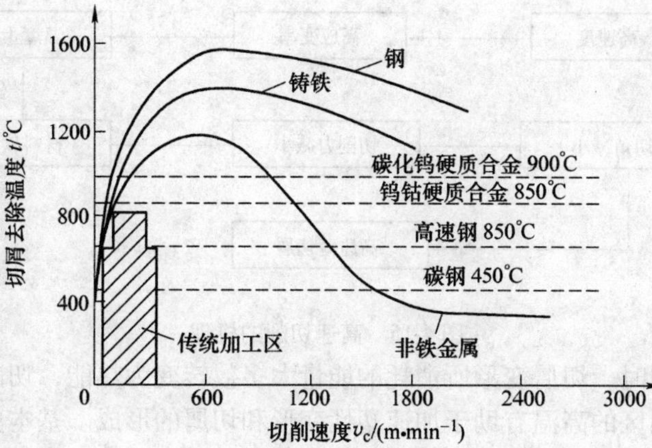

图 4-14　切削曲线

而大型汽车覆盖件模具的加工，一般主轴速度在 12000r/min 以上的加工即可称为高速加工。

应当指出的是，高速切削中的“高速”不是一个技术指标，而应是一个经济指标。也就是说，它不仅仅是一个技术上可以实现的切削速度，而且必须是一个可由此获得较大经济效益的高切削速度。没有经济效益的高速度是没有工程意义的。高速切削和普通切削的速度对照见表 4-2。

表 4-2　高速切削和普通切削的速度对照（Kennametal 公司提供）

切削方式	端铣和钻削		平面和曲面铣	
加工材料	普通速度/(ft/min)	高速/(ft/min)	普通速度/(ft/min)	高速/(ft/min)
铝	1000 (WC + PCD)	10000 (WC + PCD)	2000PCD	12000 (WC + PCD)
灰铸铁	500	1200	1200	4000
球墨铸铁	350	800	800	3000
碳钢	350	1200	1200	2000
合金钢	250	800	700	1200
不锈钢	350	500	500	900
淬硬钢 (62HRC)	80	400	100(WC) 300(CBN)	150(WC) 600(CBN)
钛合金	125	200	150	300

注：1. WC 为硬质合金刀具；PCD 为金刚石镀层硬质合金刀具；CBN 为立方氮化硼刀具。

2. 1ft = 0.3048m。

2. 高速加工的机理

首先，在高速切削过程中，由于切削速度足够快，使应变硬化来不及发生，变形只发生在小范围内，会使切削力小于传统速度的切削力。

其次，高速切屑变形机理在很大程度上与热量有关。随着切削速度的增加，切屑流受到的阻力减小，从而使切屑变薄、切削力减小，如图 4-15 所示。

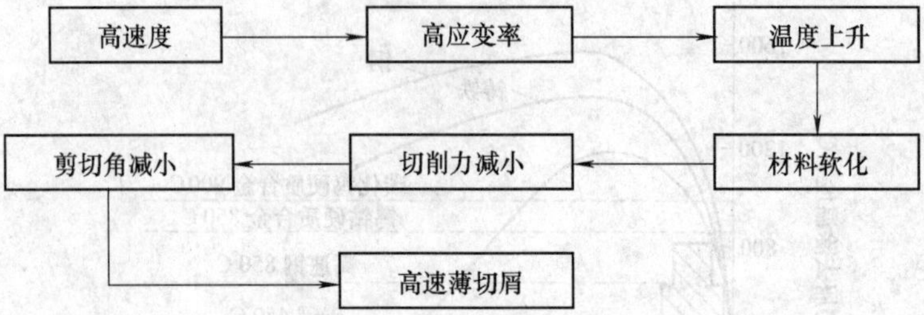

图 4-15　高速切削的机理

在进行高速切削时，切屑变形所消耗的能量大多数转变为热能，切削速度越高，产生的热量越多，基本切削区的高温有助于加速塑性变形和切屑的形成。基本剪切区的高温，会在刀具前刀面和切屑之间的接触面产生一层极薄的液体，从而增加了塑性流动的速度。切削热分布的估算如下：大约 80% 的热量是切屑的变形产生的；18% 的热量产生在切屑和刀具的接触面上(第二剪切区)；2% 的热量产生在切削刃上。产生的热量有三种耗散渠道：大约 95% 以上的热量由切屑带走；2% 的热量留在工件上；3% 的热量由刀具散热。由此可见，在高速切削时，主要的切削热将由切屑导出，而工件和刀具的温升都非常小，因此高速切削也被称为"冷态切削"。

3. 高速加工的分类及优势

高速加工按其目的而言可分为两类，即以实现单位时间去除材料量最大为目的的高速加工，和以实现高质量加工表面与细节结构为目的的高速加工。相对而言，后者因极大地减少了钳工抛光、修复的时间，减少甚至消除了部分工序，因而大大缩短了模具的生产周期。高速加工按其实现形式而言可分为高速铣削、车削、钻孔、镗削、高速磨削等，但其中高速铣削是目前 HSC 技术中应用最多的一种工艺技术。与传统加工方式相比，高速加工的优势如下：

(1) 切削效率高　虽然背吃刀量小，但由于主轴转速高，进给速度快(进给速度提高 5 ~ 10倍)，因此使单位时间内的金属切除量增加(单位时间材料切除量增加 3 ~ 6 倍)，提高了加工效率(加工时间可降至原来的 1/10 以下)，缩短了交付周期。用高速加工中心或高速铣床加工模具，可以在工件一次装夹中，完成对型腔的粗、精加工和模具零件其他部位的机械加工，即所谓"一次过"技术(One Pass Machining)。除此以外，经过高速铣削的工件，表面质量能达到磨削的水平，故常常可省去后续的许多精加工工序，又容易实现加工过程自动化，比电火花(EDM)加工提高效率 50%。

(2) 加工质量高　因高速加工采取了极小的进给量与背吃刀量，故可获得很高的表面质量，有时甚至可以省去钳工修光的工序。在高速加工中，横向切削力很小，可降低 30% 以上，这就有利于加工复杂模具型腔中一些细肋和薄壁零件及形状复杂的薄壁类电极。薄壁零件最小壁厚可至 0. 05mm，用普通方法根本无法加工。

由于切削热量的 95% ~98% 以上被切屑带走，HSC 加工中工件温度上升和热变形量很小，同样利于提高加工精度。切削速度或主轴转速高，使切削过程的激振频率很高而远离工艺系统的固有频率，减小了发生共振和切削自激振动的可能性，有利于提高被加工表面的质量。高速切削能避免 EDM 加工时产生的表面损伤，而且切削中形成的已加工表面的压应力状态，还会提高工件表面的耐磨程度(统计资料表明模具寿命因此能提高 3 ~5 倍)。

(3) 加工范围大 采用 HSC 技术能够硬切削(Hard Machining)淬硬钢工件(硬度可达62HRC 左右)及高效地切削多种难加工材料如钛合金、镍基合金等，可以钻直径为 1mm 以下的小孔。由于工件基本不发热，还可以加工低熔点的镁合金材料。

高速切削加工精度可与磨削相媲美，工件表面质量好，不会出现磨削时容易产生的烧伤、裂纹等，也没有电火花加工时不可避免的表面变质现象，并且没有磨削泥，对环境污染小。

(4) 经济性良好 有以下几个方面的因素可以体现高速切削加工良好的经济性：

1) 零件的单件加工时间缩短。

2) 工序的集约化可以在同一台机床上，在一次装夹中完成零件所有的粗加工、半精加工和精加工，此即高速加工用于模具制造的“一次过”技术。

3) 高速切削加工机床及其他工艺装备价格昂贵，投资显著增大(一台具有高速加工功能的数控机床的价格比一台普通数控机床大约高 30% ~100%)。为降低加工成本，需要将 CAD/CAM 技术一体化集成应用，使新产品的开发、设计与制造周期大大缩短。通过这一途径，新产品的开发制造全周期甚至可以缩短 40%。高速切削加工可以突破传统切削加工的禁区，例如切削薄壁机身可降低民航机的自重与耗油量。

此外，高速加工可加工刚性差的零件；提高了刀具寿命和机床利用率；零件加工精度高，表面质量好，工件热变形小；刀具成本低，节省了换刀辅助时间及刀具刃磨费用等，这些都是采用高速切削加工所能取得较好的技术经济效益的体现。

4. 高速加工的应用条件

高速切削技术是一项系统的加工技术，目前的主要研究领域如图 4-16 所示。从图 4-16 中可以看出，高速切削技术由一系列的单元技术组成，包括刀具技术、材料技术、工艺技术、工件、夹具、机床等。这些技术单元并不是相互独立的，他们之间相互联系，相互制约，相互促进，一个技术的进步取决于其他技术的发展。但总的来说，目前高速切削的关键技术包括两个大方面：硬件技术和软件技术。硬件技术主要是指高速机床和刀具；软件技术主要指高速加工工艺和数控编程技术(即 CAM 系统)。这两个方面的发展相辅相成，缺一不可。

二、高速加工在模具制造中的应用

由于 HSC 能够获得很高的加工效率、加工精度和良好的表面质量，所以广泛受到制造企业的重视。高速切削的先进性表现为在其适用领域内，可以满足激烈的市场竞争对效率和成本越来越高的要求；可以满足越来越高的加工质量要求和越来越复杂的三维曲面形状精密加工的要求；提供了解决硬材料、薄壁件加工问题的新方案。其应用越来越广泛，已遍及航空航天、汽车、模具和精密机械等行业。

HSC 缘于航空铝合金零件的加工。在该领域，高速加工主要用于铣削高强度铝合金整体构件、薄壁类零件，切除其 90% 的材料，一般的不需要制造电极，极大程度地省去了耗时的磨削和抛光工序，从而出现了通过高速硬铣实现模具全部加工的发展趋势，促使模具制造朝着快捷、精确和经济的方向发展。采用高速加工替代电火花生产模具，可以明显提高加工效率，提高模具精度，使用寿命更长。在工业发达国家，据统计，目前有 85% 左右的模具电火花成形加工工序已被高速加工所替代。高速加工在国际模具制造工艺中的主流地位已经确立。

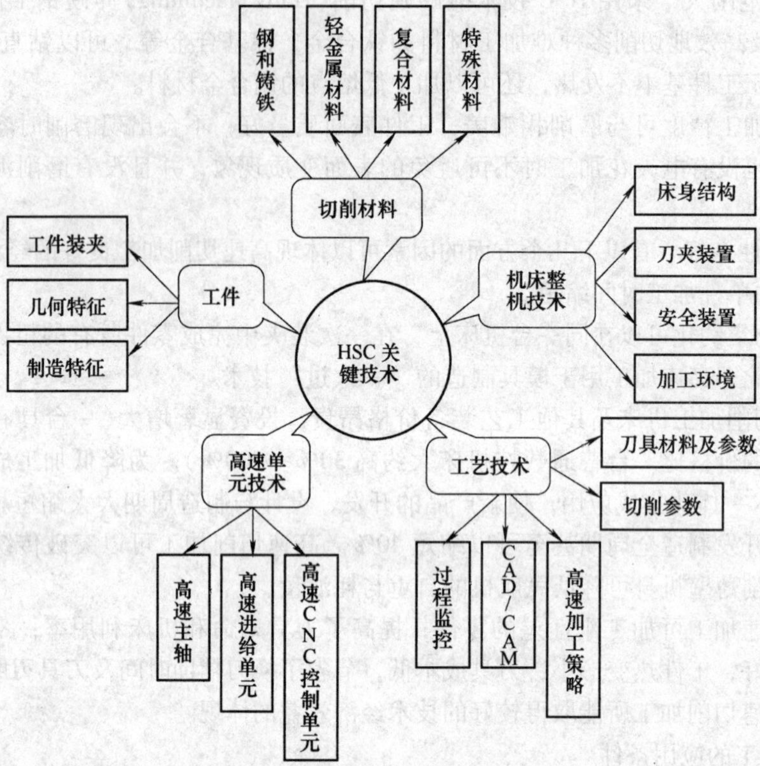

图4-16 高速加工技术的研究领域

由于高速加工技术使模具、汽车、航空等行业的生产率和制造质量显著提高，加速了工艺及装备的更新换代，因此HSC是继数控技术之后的又一场影响深远的技术革命。从技术发展的角度看，高速铣削正与超精加工、干硬切削加工相结合，开辟了以铣代磨的新天地，极大地减轻了模具的研抛工作量，提高了模具的加工速度，缩短了模具的制造周期。高速切削生产模具已经逐渐成为模具制造的大趋势。模具的高速加工技术逐渐成为我国模具工业技术改造最主要的内容之一。

1. 基于高速加工的模具制造系统

近年来，计算机技术、自动化技术、网络通信技术的高速发展，给现代制造技术准备了技术条件和奠定了物质基础。现代模具制造能够利用CAD/CAE/CAPP/CAM技术和数控加工技术有效地对整个设计制造过程进行预测评估，迅速获得样品，有利于争取订单、赢得客户，同时节省大量的模具试制材料的费用，减少模具返修率，缩短生产周期，大大降低了模具成本。高速切削技术的发展给模具业注入了新的生机，模具制造现代化正成为国际模具业发展的一种趋势。国内模具业也正从传统模具制造模式向着现代模具制造模式过渡。基于高速加工的模具制造系统如图4-17所示。高速加工技术属于该系统“先进制造工艺技术”中的精密加工和超精密加工技术。

该系统涉及以下几大组成部分：

（1）现代设计技术　包括计算机辅助设计（CAD）、计算机辅助工程（CAE）、反求工程技术（RE）、并行工程（CE）等。

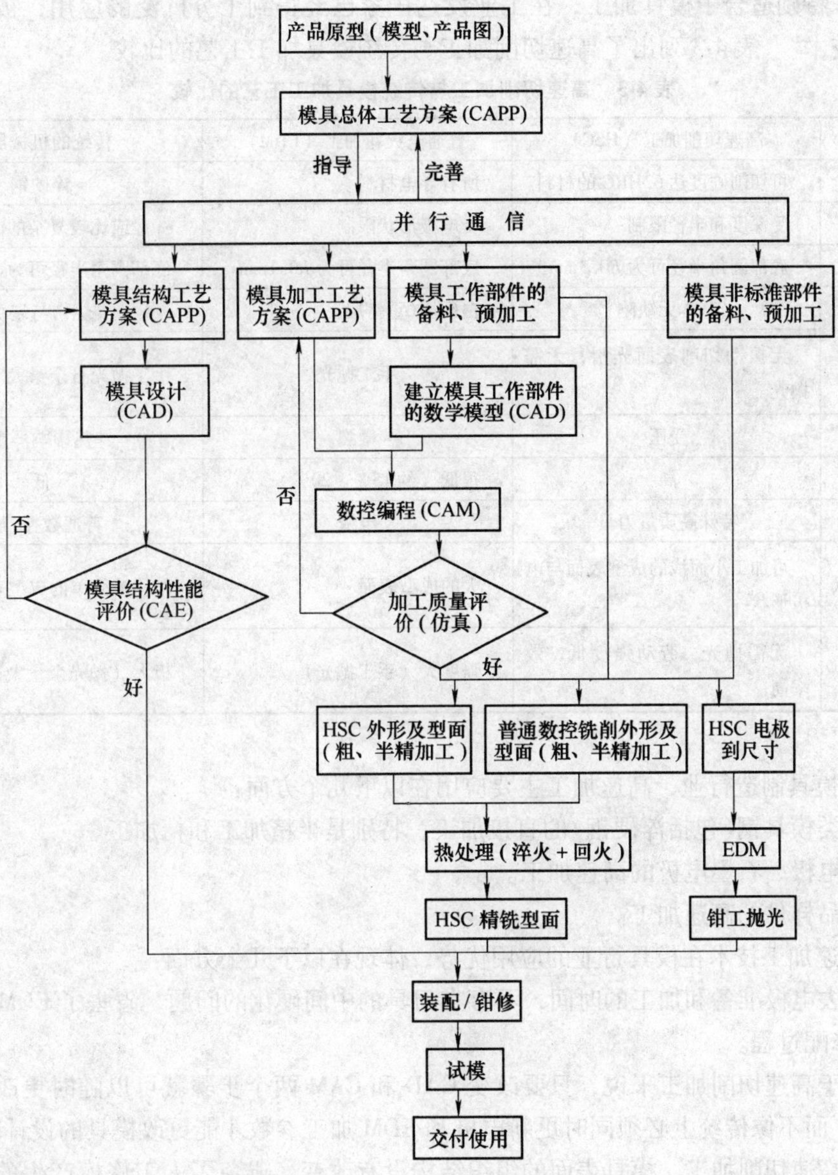

图4-17　基于HSC的现代模具制造系统

(2) 先进制造工艺技术　包括计算机辅助制造(CAM)、精密加工和超精密加工技术、特种加工制造技术、快速原型制造(RPM)等。

(3) 综合自动化技术　包括分布式数控技术(DNC)、柔性制造技术(FMT)、集成制造技术(CIMT)、智能制造技术(IMT)等。

(4) 现代系统管理技术　包括制造资源计划(MRPII)、准时制造(JIT)、精益生产(LP)、敏捷制造(AM)、全球化制造(GM)和信息管理系统(IMS)、可持续发展战略及相关技术等。

2. 高速加工在模具制造中的应用

正是由于高速切削加工具有高效率、高精度、可直接硬切削淬硬钢、具有良好的经济效益等优点，特别适合于模具加工，在工业发达国家已经得到十分广泛的应用，被誉为“第三代制模技术”。表4-3列出了高速切削加工与传统模具加工工艺的比较。

表4-3 高速切削加工与传统模具加工工艺的比较

分类	高速切削加工（HSC）	普通电火花加工（EDM）	传统的机械加工
适应材料	可切削硬度达62HRC的材料	所有导电材料	淬硬钢
几何形状	受深度和半径限制	受电极形状限制	一般或比较复杂的曲面
内部尖角	底部圆角半径可为$R0.3$mm	底部圆角半径可为$R0.1$mm	底部圆角半径可为$R0.5$mm
表面缺陷	基本无缺陷	白硬层(重铸层)	烧伤与裂纹
表面质量	无振动切削表面光滑，无需抛光	手工抛光	手工抛光且余量大
结构变化	受压	微裂	热影响严重
能源利用率	高	很低（约15%～20%）	低
刀具	特殊高质量刀具	电极	普通数控刀具
适应加工形状	可加工小而浅的成型表面与电极形状	大的成型表面	结构较简单的成型表面
劳动强度	无需抛光，劳动强度低，效率高	强度大（手工抛光）	极大（抛光余量大）

1）在模具制造行业，高速加工主要应用在以下几个方面：

① 各类模具钢(包括淬硬钢)的直接加工，特别是半精加工和精加工。

② 铜电极、石墨电极的高速加工。

③ 产品样件的高速加工。

2）高速加工技术在模具行业的应用优势，体现在以下几个方面：

① 省去电极准备和加工的时间，不存在刀具的中间硬化的问题，省去了EDM加工、人工修模和修配过程。

② 对于高速切削加工来说，只要改变CAD和CAM两个步骤就可以随时更改模具的设计和制造，而不像传统上必须同时更新电极和EDM加工参数才能更改模具的设计和制造。

③ 用高速切削加工，模具表面的组织结构没有改变，避免了人工修模产生的表面几何变形。

3. 模具制造中应用高速加工技术的注意事项

高速切削加工是一项系统技术，为了实现高效高速加工，必须考虑到各个方面。应该根据产品的材料和结构特点，购置合适的高速切削机床，选择合适的切削刀具，采用最佳的切削工艺，以达到理想的高速加工效果。

(1) 机床方面

1）机床应当采用高速、大功率的主轴。

2）机床应具有足够刚度、强度。

3）刀柄必须与机床主轴的锥体和端面接触，以防止在高速回转时松动。

4）应注意防止切屑飞溅伤人。

5）切削液应能够准确喷射到切削点上，特别在高速磨削时，为了防止工件被加工表面烧伤，应特别注意喷嘴的设计。

6）由于高速切削的切屑量大，故应保证切屑能够及时地排除。

（2）刀具方面

1）当前涂层技术发展迅速，针对加工的对象选择合适的涂层刀具是十分必要的。

2）为了提高加工表面的质量，应尽量采用球头铣刀。球头铣刀中心的切削速度为零，使用时，可将立铣刀倾斜一个角度以改善立铣刀引起的铣削振颤。

3）若条件允许，可采用带圆角铣刀。

4）为了改善冷却效果，可采用带油孔的刀具。

5）为了防止立铣刀在高所加工中振动，可将刀槽制成不等分的螺旋槽。

6）高速切削时使用的铣刀刀盘多采用铝合金材料，切断刀的刀把往往强度差，所以采用硬质合金。

7）为了提高排屑能力，采用合适的断屑刀片。

8）加工深孔时，可采用新型钻头，如 RT 系列的钻头，其芯厚加大，提高了刀体刚度，同时加宽了容屑槽，切屑更易排出，所以有利于深孔加工。

9）现在复合刀具的大量出现，不仅可以提高效率，而且减少了刀具的件数。切削刀具的复合化能够明显减少换刀的次数和时间，缩小机床刀库，提高了加工效率。

（3）辅具方面　为了适应高效高速加工，辅助工具也是十分重要的环节。目前比较典型的是 EROWA 和 3R 组合辅具的应用，不仅加快了节奏，还保证了精度。

4. 模具高速加工的工艺要求

高速加工有着不同于传统加工的特殊的加工工艺要求，而数控加工的数控指令包含了所有的工艺过程，故应用于高速加工的数控自动编程系统 CAM 系统必须能够满足相应的特殊要求。

1）CAM 系统应具有很高的计算编程速度：高速加工中采用非常小的进给量与背吃刀量，故对 NC 程序的要求比对传统系统 NC 程序的要求要严格得多，要求计算速度要快且方便，节约编程时间等。另外，较快的编程速度使操作人员能够对多种加工工艺策略进行比较，以便采取最佳的工艺方案，并对刀具轨迹进行编辑、优化，以达到最佳的加工效果。

2）全程自动防过切处理能力及自动刀柄干涉检查：高速加工以高出传统加工近 10 倍的切削速度加工，一旦发生过切，其后果不堪设想，故 CAM 系统必须具有全程自动防过切处理能力。传统的曲面 CAM 系统是局部加工的概念，极容易发生过切现象，一般都是靠人工干预的办法来防止，很难保证过切防护的安全性，只有通过新一代的、智能化的、面向对象的 CAM 系统，才能实现防过切处理全部由系统自动完成，才能真正保证其安全性。高速加工的重要特征之一就是能够使用较小直径的刀具加工模具的细节结构。系统能够自动提示最短夹刀长度并自动进行刀具干涉检查，这对于高速加工非常重要。

3）进给率优化处理功能：为了能够确保最大的切削效率，并保证在高速切削时加工的安全性，应根据加工瞬时余量的大小，由 CAM 系统自动对进给率进行优化处理。

4）符合高速加工要求的丰富的加工策略与传统方式的加工策略相比，高速加工对加工工艺进给方式有着特殊要求，因而要求 CAM 系统能够满足这些特定的工艺要求：

① 应避免刀具轨迹中进给方向的突然变化，以避免因局部过切而造成刀具或设备的

损坏。

② 应保持刀具轨迹的平稳，避免突然加速或减速。

③ 下刀或行间过渡部分最好采用斜式下刀或圆弧下刀，避免垂直下刀直接接近工件材料。

④ 行切的端点采用圆弧连接，避免直线连接。

⑤ 应尽量避免全力宽切削。

⑥ 残余量加工或清根加工是提高加工效率的重要手段，一般应采用多次加工或采用系列刀具从大到小分次加工，直至达到所需尺寸，避免用小刀一次加工完成。

⑦ 刀具轨迹编辑优化的功能非常重要，应避免多余空刀，可通过对刀具轨迹的摄像、复制、旋转等操作来避免重复计算。

⑧ 刀具轨迹裁剪修复的功能也很重要，可通过精确裁剪减少空刀，提高效率；也可用于零件局部变化的编程，仅需编辑修改边际，无需对整个模型重新编程。

5）高速加工对编程人员的要求与编程方式的改变：采用高速加工设备之后，对编程人员的需求量将会增加，因高速加工工艺要求严格，过切保护更加重要，故需编程人员多花时间对 NC 指令进行仿真检验。一般而言，高速加工编程时间比普通加工编程时间要长得多。为了保证高速加工设备足够的使用率，需配置更多的 CAM 人员。

传统 CAD/CAM 中，NC 指令的编制是由远离加工现场的 CAD/CAM 工程师来完成的，因编程与加工地点分离，往往因编程人员对现场条件及加工工艺不够清楚而需要对 NC 指令进行反复检验与修改，影响了生产的正常进行。随着 CAM 系统智能化水平的提高，已经出现了新一代独立运行的智能化 CAM 专业系统，其主要特点是面向对象的实体加工方式，而非传统的曲面局部加工方式。只需输入并选择加工工艺，即可自动完成编程操作。编程的复杂程度与零件的复杂程度无关，只与加工工艺有关，因而非常易于掌握，只需短时间培训即可掌握使用。在欧美发达国家，为了充分发挥 NC 设备操作人员的优势，缩短加工时间间隔，机侧编程已经成为逐渐流行的发展趋势。

三、我国高速加工技术与国外的差距

近年来，我国在航天、航空、汽轮机、模具等机械制造行业中都不同程度地开始推广应用高速加工技术。高速加工技术的应用主要体现为高速数控机床与刀具的应用。由于种种原因，我国企业应用的高速加工技术及其相关设备大多由国外直接引进，国内对高速加工技术中一些基础共性技术的自主性研究不足，因而影响了对高速加工技术的优化、集成和推广应用。与国外发达国家相比，我国在以下方面存在较大差距：

（1）零件毛坯制造技术　零件毛坯材料的选择和成形工艺技术的优化是产品生命周期的起点，直接影响到后序工艺过程、生产节拍和产品的质量与成本。国内企业对零件毛坯制造技术普遍重视不够，缺乏对这方面的系统研究。虽然目前对国外先进的快速成形工艺技术作了一些跟踪研究，但尚未真正应用于企业生产流程中。在国外受到高度重视的绿色制造技术（包括零件毛坯制造）目前在国内仅停留在研究层面。

（2）高速刀具技术　我国高速刀具技术与国外的差距主要表现在高性能刀具材料（包括表面涂层、材料）的研发、刀具制造工艺技术、刀具安全技术及刀具使用技术等领域，对于高速切削机理的基础共性研究也处于起步阶段。

（3）高速机床技术　在引进先进技术、设备的推动下，近年来我国高速机床制造技术有了长足进步。目前的主要差距在于机床关键功能部件的研发落后于市场需求，如转速在20000r/min以上的大功率高刚性主轴、无刷环形转矩电动机、直线电动机、快速响应数控系统等的设计制造技术尚未掌握；多功能复合机床设计、制造网络、通信网络等先进技术的应用还处于初级阶段。

(4) 生产技艺数据库　目前国内大部分制造企业(尤其是国有企业)均未建立本企业(行业)的生产技艺系统数据库，其中包含制造工艺流程及相关技艺、金属(非金属)切削数据库、专家机制知识库、企业内外有效资源数据库等。

(5) 观念误区　目前国内对高速加工、高速切削技术普遍存在一些观念误区。其一，认为高速机床等同于高速切削，也等同于高速加工；其二，认为高速加工技术可适用于任何企业。这两种观点都失之于片面。高速加工的实现并不仅仅取决于机床主轴的回转速度和直线运动速度，而是与多种技术条件(如刀具直径、刃齿数、零件、表面状况等)相关。高速加工技术也并非适用于任何企业，其应用效益要视产品的技术附加值、加工技术要求、市场需求、企业的生产、管理模式和技术水平等各方面具体情况而定。因此在企业技术改造中，切忌生搬硬套，不加分析地盲目引进、应用高速加工技术。

四、高速加工技术的发展趋势

在机械加工领域中，产品(零件)与加工手段(机床、刀具等)之间构成一对技术矛盾，这对矛盾不断产生—解决—再产生—再解决的过程成为推动机械加工技术进步的动力，机械加工技术的发展历程就是不断满足产品制造过程中对产品性能、零件质量(精度)、刀具(工具)轨迹、生产效率、生产成本等各种技术要求的过程。在机械制造业中，产品(零件)的技术进步与机床技术、工具(刀具)技术的发展密不可分。在21世纪全球化制造的市场环境下，高速加工技术必将在各类制造企业中得到更广泛的应用。我国的高速加工技术水平也将呈现出跨越式发展的态势，现就其中一些重要技术的发展趋势简述如下。

1）零件毛坯制造技术、新型快速成形技术的实用化以及精铸、精锻等毛坯制造技术水平的进一步提高，将使零件毛坯的几何尺寸精度能更好地满足少、无切屑加工的要求。零件材料的选择将逐步适应绿色制造技术要求，材料的可加工性能将进一步适应高速加工技术的要求。

2）刀具技术：制造业将普遍应用高速(超高速)干式切削技术。超硬刀具材料的应用、各类复合(组合)式高速切削刀具(工具)的结构设计与制造技术将成为刀具(工具)品种发展的主导技术。采用无屑加工方式的搓、挤、滚压成形类刀具(工具)的应用会更加广泛。超硬材料在各类刀具涂层材料、SiN陶瓷、Ti基陶瓷等领域将有更快的发展和更广泛的应用。

3）机床技术：随着数控系统、关键功能部件、网络通信技术正逐步完善与发展，多轴联动、多面切削的高速加工中心和集铣、车功能为一体的复合加工中心等先进机床技术将进一步实用化。各类数控专用高效加工机床的应用将更为普遍。激光技术将更为广泛地应用于机械成形加工、切割加工领域。机床数控系统将具有网络化通信与生产的功能，从而可进一步提高数控机床的利用率。

4）自动生产线技术：自动生产线将由各类高速加工中心组成。柔性制造、敏捷制造工程技术将获得快速发展。

5）测量技术：随着高速加工系统工程技术的广泛应用，数字化CCD、激光图形处理等先进测量技术以及随机在线高速测量技术等将广泛应用于柔性数控生产线及数控专用高效加工机床上。

6）网络技术：在不断进步的计算机技术的支持下，将大力发展宽带网及网络安全技术。

随着中国加入 WTO，我国制造业融入全球化生产制造体系的步伐正逐渐加快，国外先进制造技术及设备的大量引进以及国家大力实施十一五计划、创新基金、国家重大科技产业工程项目等重大科技计划，将有力推动我国机械制造综合技术水平的提高。由于高速加工技术可为机械制造企业快速响应和满足市场需求提供强有力的技术支持，因此必将在国内机械制造企业中得到快速推广。高速加工技术的开发与应用必须集成、优化多种学科领域的知识，实施系统技术工程。社会主义市场经济环境的不断完善以及企业家对参与全球化市场竞争认识的不断深化，不仅可促进企业转制和产业、产品结构的调整与优化，同时也为高速加工技术在企业中的推广应用展现出广阔的前景。

第四节　快速成型技术

一、快速成型技术的基本原理与特点

快速成型(也称为快速原型)制造技术(Rapid Prototyping & Manufacturing,即 RP&M 或 RP)是 20 世纪 80 年代后期首先在美国产生并商品化，90 年代在全球迅速发展起来的制造新技术。它集成了 CAD 技术、数控技术、激光技术和材料技术等现代科技成果，是先进制造技术的重要组成部分，被认为是近 20 年来制造领域的一个重大成果。与传统制造方法不同，快速成型技术从零件的 CAD 几何模型出发，通过软件分层离散和数控成型系统，用激光束或其他方法将材料堆积而形成实体零件。由于它把复杂的三维制造转化为一系列二维制造的叠加，因而可以在不用模具和工具的条件下生成任意复杂的零部件，极大地提高了生产效率和制造柔性。

快速成型制造又称为层加工(Layered Manufacturing)，其加工过程是首先生成一个产品的三维 CAD 实体模型或曲面模型文件，将其转换成 STL 文件格式，再用一软件从 STL 文件“切(Slice)”出设定厚度的一系列的片层，或者直接从 CAD 文件切出一系列的片层，这些片层按次序累积起来仍是所设计零件的形状。然后，将上述每一片层的资料传到快速自动成型机中去，类似于计算机向打印机传递打印信息，用材料添加法依次将每一层做出来并同时连接各层，直到完成整个零件。因此，快速成型可定义为一种将计算机中储存的任意三维形体信息通过材料逐层添加法直接制造出来，而不需要特殊的模具、工具或人工干涉的新型制造技术。

快速成型制造技术的推广应用将明显缩短新产品的上市时间，节约新产品开发和模具制造的费用。美国、日本及欧洲发达国家已将快速成型技术应用于航空航天、汽车、通信、医疗、电子、玩具、军事装备、工业造型(雕刻)、建筑模型、机械行业等领域。

快速成型技术与传统方法相比具有独特的优越性和特点：

1）产品制造过程几乎与零件的复杂性无关，可实现自由制造(Free Form Fabrication)，这是传统方法无法比拟的。

2）产品的单价几乎与批量无关，特别适合于新产品的开发和单件小批量零件的生产。

3）由于采用非接触加工的方式，没有工具更换和磨损之类的问题，可做到无人值守，

无需机加工方面的专门知识就可操作。

4）无切割、噪声和振动等，有利于环保。

5）整个生产过程数字化与CAD模型具有直接的关联，零件可大可小，所见即所得，可随时修改，随时制造。

6）与传统方法结合，可实现快速铸造、快速模具制造、小批量零件生产等功能，为传统制造方法注入新的活力。

二、快速成型技术的典型方法

从1988年世界上第一台快速成型机问世以来，各种不同的快速成型制造工艺相继出现并逐渐成熟，相应的制造设备继而快速地商品化。目前，比较成熟的快速成型工艺方法已有十余种，其中光固化成型法、叠层实体制造法、选择性激光选区烧结法、熔融沉积法(FDM)已在世界范围内广泛应用，下面重点介绍这几种常用的快速成型技术。

1. 光固化成型工艺

光固化成型工艺也常被称为立体光刻成型，英文名称为Stereo Lithography，简称SL，有时也简称为SLA(Stereo Lithography Apparatus)。该工艺由美国Charles Hull于1984年获得美国专利，是最早发展起来的快速成型技术。自从1988年美国3D Systems公司最早推出SLA商品化快速成型机以来，SLA已成为最为成熟和广泛应用的RP典型技术之一，目前全球销售的SLA设备约占RP设备总数的70%左右。它以光敏树脂为原料，通过计算机控制紫外激光使其凝固成型。这种方法能简捷、全自动地制造出传统加工方法有时难以制作的复杂立体形状，在加工技术领域中具有划时代的意义。

光固化成型工艺的成型过程如图4-18所示。在液槽中盛满液态光敏树脂，它在紫外激光束的照射下会快速固化。成型过程开始时，可升降的工作台处于液面下一个截面层厚的高度，氦-镉激光器或氩离子激光器发出的紫外激光束聚焦后在计算机的控制下按照截面轮廓的要求沿液面进行扫描，使被扫描区域的树脂固化，从而得到该截面轮廓的树脂薄片。然后，工作台下降一层薄片的高度，已固化的树脂薄片就被一层新的液态树脂所覆盖，以便进行第二层激光扫描固化，新固化的一层牢牢粘结在前一层上，如此重复，直到整个产品成型完毕。最后升降台升出液体树脂表面，取出工件，进行清洗、去除支撑、二次固化以及表面光洁处理等。

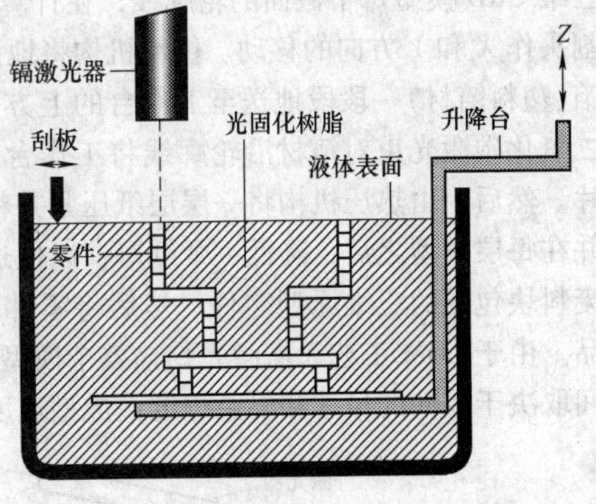

图4-18　光固化成型工艺

光固化成型技术制作的原型可以达到机磨加工的表面效果，是一种被大量实践证明的极为有效的高精度快速加工技术，适合于制作中小形工件，能直接得到树脂或类似工程塑料的产品。主要用于概念模型的原型制作，或用来作简单装配检验和工艺规划。其具体优点如下：

1）成型过程自动化程度高。SLA系统非常稳定，加工开始后，成型过程可以完全自动化，直至原型制作完成。

2）尺寸精度高。精度可以达到0.1mm(国内SLA精度在0.1~0.3mm之间,并且存在很大的波动性）。

3）表面质量好。虽然在每层固化时侧面及曲面可能出现台阶，但上表面仍可得到玻璃状的效果。

4）可以制作结构十分复杂的模型。

5）可以直接制作面向熔模精密铸造的具有中空结构的消失型。

当然，和其他几种快速成型方法相比，该方法也存在着许多缺点，主要有以下几方面：

1）尺寸稳定性差，随着时间推移，树脂会吸收空气中的水分，导致软薄部分的翘曲变形，进而极大地影响成型件的整体尺寸精度。

2）需要设计工件的支撑结构，以便确保在成型过程中制作的每一个结构部位都能可靠定位，支撑结构需在未完全固化时手工去除，容易破坏成型件。

3）设备运转及维护成本较高。由于液态树脂材料和激光器的价格较高，并且为了使光学元件处于理想的工作状态，需要进行定期的调整，故费用较高。

4）可选择的材料种类有限，且必须是光敏树脂。由这类树脂制成的工件在大多数情况下都不能进行耐久性和热性能试验，且光敏树脂对环境有污染，还可能引起皮肤过敏。

5）需要专用的实验室环境，成型件需要后处理，如二次固化、防潮处理等工序。

6）液态树脂固化后的性能尚不如常用的工业塑料，一般较脆，易断裂，不便进行机加工。

2. 叠层制造

叠层制造（Laminated Object Manufacturing，即 LOM）是近年来发展起来的又一种快速成型技术，它通过对原料纸进行层合与激光切割来形成零件，如图 4-19 所示。LOM 工艺是根据三维 CAD 模型每个截面的轮廓线，在计算机控制下，发出控制激光切割系统的指令，使切割头作 X 和 Y 方向的移动。供料机构将地面涂有热溶胶的箔材（如涂覆纸、涂覆陶瓷箔、金属箔、塑料箔材）一段段地送至工作台的上方。激光切割系统按照计算机提取的横截面轮廓用二氧化碳激光束对箔材沿轮廓线将工作台上的纸割出轮廓，并将纸的无轮廓区切割成小碎片。然后，由热压机构将一层层纸压紧并粘合在一起。可升降工作台支撑正在成型的工件，并在每层成型之后，降低一个纸厚，以便送进、粘合和切割新的一层纸。最后形成由许多小废料块包围的三维原型零件。然后将零件取出，将多余的废料小块剔除，最终获得三维产品。由于 LOM 工艺无需激光扫描整个模型截面，只需切出内外轮廓即可，因此，制模的时间取决于零件的尺寸和复杂程度，成型速度比较快，制成模型后用聚氨酯喷涂即可使用。

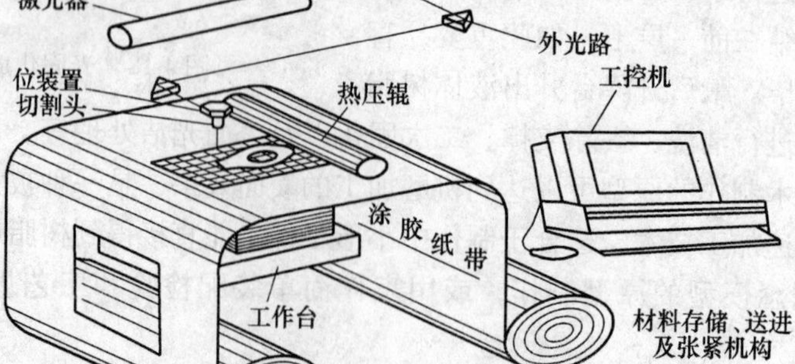

图 4-19 叠层制造

LOM原型制作工艺适合制作大中型原型件，它具有翘曲变形较小，成型时间较短，激光器使用寿命长等特点，制成件有良好的机械性能，适合于产品设计的概念建模和功能性测试零件。且由于制成的零件具有木质属性，特别适合于直接制作砂型铸造模。其主要特点如下：

1）材料价格便宜，原型制作成本低。

2）制造大尺寸零件，工业应用面广。

3）需后固化处理。

4）需设计和制作支撑结构。

5）原型精度高。

6）余料易剥离。

7）件能承受高达200℃的温度，有较高的硬度和较好的力学性能，可进行各种切削加工。

8）设备（与SLA相比）采用了高质量的元器件，有完善的安全、保护装置，因而能长时间连续运行，可靠性高，寿命长。

9）原型制造时间短。用SLA方法制造原型，需对整个截面扫描才能使树脂固化，而采用LOM方法只需切割截面轮廓，成型速度快。

但是，LOM原型制造技术也有不足之处：

1）有激光损耗，并需要专门的实验室环境，维护费用高昂。

2）可实际应用的原材料种类较少，尽管可选用若干原材料，例如纸、塑料、陶土以及合成材料，但目前常用的只是纸。

3）工件易吸湿膨胀，因此，成型后应尽快进行表面防潮处理。

4）工件表面有台阶纹，其高度等于材料的厚度（通常为0.1mm左右），因此，成型后需进行表面打磨。

5）废料去除困难，所以该工艺不宜构建内部结构复杂的零件。

6）当加工室的温度过高时常有火灾发生。因此，工作过程中需要专职人员看守。

3. 选择性激光烧结

选择性激光烧结（Selected Laser Sintering，即SLS）采用二氧化碳激光器对粉末材料（塑料粉、陶瓷与粘结剂的混合粉、金属与粘结剂的混合粉等）进行选择性烧结，是一种由离散点一层层堆积成三维实体的工艺方法，如图4-20所示。

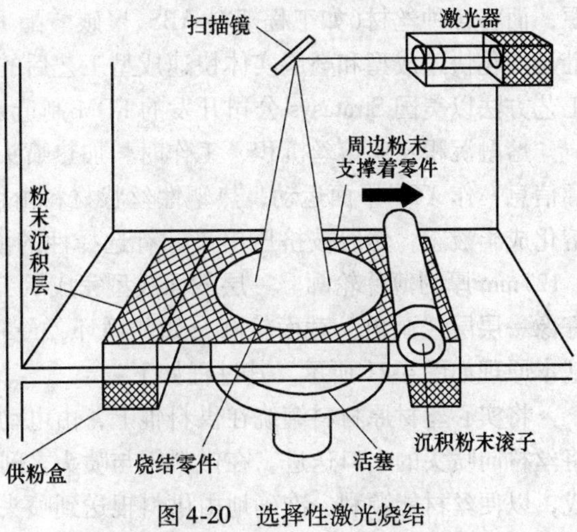

图4-20 选择性激光烧结

选择性激光烧结在开始加工之前，先将充有氮气的工作室升温，并保持在粉末的熔点以下。成型时，送料筒上升，铺粉滚筒移动，先在工作平台上铺一层粉末材料，然后激光束在计算机控制下按照截面轮廓对实心部分所在的粉末进行烧结，使粉末熔化继而形成一层固体轮廓。第一层烧结完成后，工作台下降一截面层的高度，再铺上一层粉末，进行下一层烧结，如此循环，形成三维的原型零件。最后经过5～10h的冷却，即可从粉末缸中取出零件。未经烧结的粉末能承托正在烧结的工件，当烧结工序完成后，取出零件。粉末材料选择性烧结工艺适合于成型中小件，能直接得到塑料、陶瓷或金属零件，零件的翘曲变形比液态光敏树脂选择性固化工艺要小。但这种工艺仍需对整个截面进行扫描和烧结，加上工作室需要升温和冷却，成型时间较长。此外，由于受到粉末颗粒大小及激光点的限制，零件的表面一般呈多孔性。在烧结陶瓷、金属与粘结剂的混合粉并得到原型零件后，还需将它置于加热炉中，烧掉其中的粘结剂，并在孔隙中渗入填充物，故后处理复杂。

选择性激光烧结工艺适合成型中小型零件，零件的翘曲变形比液态光固化成型工艺要小，适合于产品设计的可视化表现和制造功能测试零件。由于它可采用各种不同成分的金属粉末进行烧结，进行渗铜后置处理，因而其制成的产品具有与金属零件相近的力学性能，故可用于制造EDM电极和金属模及小批量零件的生产。

选择性激光烧结工艺和其他快速原型工艺相比，其最大的特点是能够直接制作金属制品，同时该工艺还具有如下一些优点：

1）可采用多种材料，包括类工程塑料、蜡、金属、陶瓷等。

2）与其他工艺相比，能生产较硬的模具。

3）精度高。当粉末粒度为0.1mm以下时，成型后的原型精度可达±1%。

4）材料利用率高，价格便宜，成本低。

5）无需设计和构造支撑。

同时SLS也存在如下缺点：

1）有激光损耗，并需要专门的实验室环境，使用及维护费用高昂。

2）需要预热和冷却，后处理麻烦。

3）成型表面粗糙多孔，并受粉末颗粒大小及激光光斑的限制。

4）需要对加工室不断补充氮气以确保烧结过程的安全性，加工成本高。

5）成型过程产生有毒气体和粉尘，污染环境。

4. 熔融沉积快速成型工艺

熔融沉积快速成型（Fused Deposition Modeling，即FDM）是一种不依靠激光作为成型能源，而将各种丝材（如工程塑料ABS、聚碳酸酯PC等）加热熔化进而堆积成型的方法，它是继光固化快速成型和叠层实体快速成型工艺后的另一种应用较广泛的快速原型制造工艺。该工艺方法以美国Stratasys公司开发的FDM制造系统的应用最为广泛。

熔融沉积又叫熔丝沉积，工作时，加热喷头在计算机的控制下，根据产品零件的截面轮廓信息，作*XOY*平面运动，热塑性丝状材料由供丝机构送至热熔喷头，并在喷头中加热和熔化成半液态，然后被挤压出来，有选择性的涂覆在工作台上，快速冷却后形成一层大约0.127mm厚的薄片轮廓。一层截面成型完成后工作台下降一定高度，再进行下一层的熔覆，好像一层层“画出”截面轮廓，如此循环，最终形成三维产品零件。熔融沉积制造工艺的基本原理如图4-21所示，其过程如下：

将实心丝材原材料缠绕在供料辊上，由电动机驱动辊子旋转，辊子和丝材之间的摩擦力将丝材向喷头的出口送进。在供料辊与喷头之间有一导向套，导向套采用低摩擦因数材料制成，以便丝材能顺利、准确地由供料辊送到喷头的内腔。喷头的前端有电阻丝式加热器，在其作用下，丝材被加热熔融，然后通过出口涂覆至工作台上，并在冷却后形成界面轮廓。由于受结构的限制，加热器的功率不可能太大，因此，丝材一般为熔点不太高的热塑性塑料或蜡。丝材熔融沉积的层厚随喷头的运动速度而变化，通常最大层厚为0.15～0.25mm。

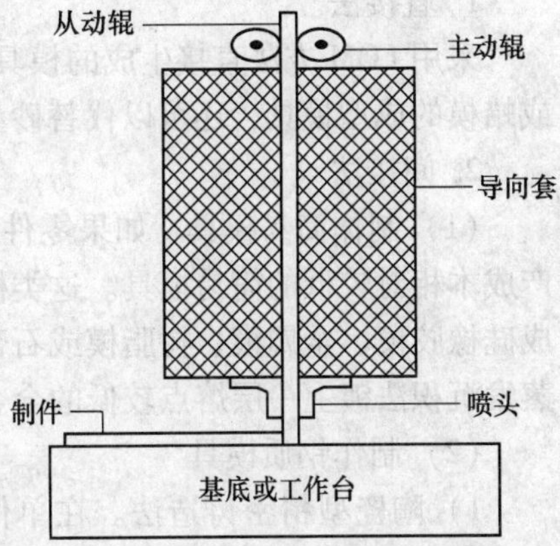

图4-21 熔融沉积制造工艺的基本原理

熔融挤压成型工艺比较适合于家用电器、办公用品和模具行业新产品开发以及用于假肢、医学、医疗、大地测量、考古等基于数字成像技术的三维实体模型制造。该技术无需激光系统，因而价格低廉，运行费用很低且可靠性高。此外，从目前出现的快速原型工艺方法来看，FDM工艺在医学领域的应用具有独特的优势。熔融沉积快速原型工艺优点如下：

1）制造系统可用于办公环境，没有毒气或化学物质的污染。

2）一次成型，易于操作且不产生垃圾。

3）独有的水溶性支撑技术，使得去除支撑结构简单易行，可快速构建瓶状或中空零件以及一次成型的装配结构件。

4）原材料以材料卷的形式提供，易于搬运和快速更换。

5）原材料在成型过程中无化学变化，制件的翘曲变形小。

6）原材料利用率高，且材料寿命长。

7）可选用多种材料，如各种色彩的工程塑料ABS等。

当然，FDM成型工艺与其他快速成型工艺相比，也存在如下缺点：

1）成型件的表面有较明显的条纹。

2）成型精度相对较低。

3）需要设计与制作支撑结构。

4）成型速度相对较慢。

5）原材料价格昂贵。

任何一种技术都有自己最佳的使用场合，就目前RPM技术的发展现状看，受成型材料、成本与精度的限制，RPM技术适用于形状复杂、机械加工困难、中等精度要求、中小尺寸的单件小批量样件和零件的制造。原则上大型实心形状原型宜采用LOM法制造，该法成型速度快，材料利用率高；薄壁原型宜采用FDM方法制造，成型速度快，材料利用率接近100%，特别适宜做单件塑料样品；单件小批量铸件宜采用SLS法制造，可以直接生成蜡模，由于SLS不需要支撑，因此较适合于内腔复杂、中小型产品；需观察内部结构的原型宜采用SLA法制造。

三、快速制造在模具制造中的应用

快速模具(RAPEDTOOLING,即RT)技术是随着RP技术的发展而迅速发展起来的一门新技术，其应用途径如下：用RP技术直接制作模具，用LOM系统制作的制件经表面处理，其强度比一般木材还要高，可直接用作铸造木模。用SLS等方法则可直接制造熔模铸造用的蜡模。

利用RP技术生产模具有两种方法，即直接法和间接法。

1. 直接法

采用LOM方法直接生成的模具，可以经受200℃的高温，可以作为低熔点合金的模具或蜡模的成型模具，还可以代替砂型铸造用的木模。直接法生产模具还处于初步研究阶段。

2. 间接法

（1）制作简易模具　如果零件的批量小或用于产品的试生产，则可以用非钢铁材料生产成本相对较低的简易模具。这类模具一般用RP技术制作零件原型，然后根据该原型翻制成硅橡胶模、金属模、树脂模或石膏模，或对零件原型进行表面处理，用金属喷镀法或物理蒸发沉积法镀上一层熔点较低的合金来制作模具。

（2）制作钢质模具

1）陶瓷型精密铸造法。在单件生产或小批量生产钢模时，可采用此法。其工艺过程为：①RP原型做母模；②浸挂陶瓷砂浆；③在焙烧炉中固化模壳；④烧去母模；⑤预热模壳；⑥烧铸钢型腔；⑦抛光；⑧加入浇注、冷却系统；⑨制成注塑模。

2）失蜡精密铸造法。在批量生产金属模具时，先利用RP原型制成蜡模的成型模，然后利用该成型模生产蜡模，再用失蜡精铸工艺制成钢模具。在单件生产复杂模具时，也可以直接用RP原型代替蜡模。

3）用化学粘接钢粉浇铸型腔。该方法的步骤为：①用RP制成母模；②翻制硅橡胶或聚氨酯软模；③浇注化学粘接钢粉型腔；④烧结钢粉；⑤渗铜处理；⑥抛光型腔；⑦制成注塑模具。

4）用RP系统制造的原型作为母模快速复制简易模具；用快速原型制件作为母模可复制出蜡模、硅橡胶模、环氧树脂模或聚氨酯模等软模具；据此软模具又可浇铸出环氧树脂、石膏、陶瓷、低熔点金属、金属基复合材料等硬模具。这些简易模具可用于制作各种铸造模、注塑模、蜡模的成型模以及拉深模等，实现塑料件或金属件的小批量生产。

第五节　虚拟制造技术

一、虚拟制造技术简介

1. 虚拟制造的概念

虚拟制造(Virtual Manufacturing,即VM)是20世纪80年代后期美国首先提出来的一种新思想，它是利用信息技术、仿真技术、计算机技术等对现实制造活动中的人、物、信息及产品设计、工艺规划、加工制造等生产过程进行全面的仿真，以发现制造中可能出现的问题，预测、检测、评价产品性能和产品的可制造性等，在产品实际生产前就采取预防措施，确保产品一次性开发成功，以达到降低成本、缩短产品开发周期、增强企业竞争力的目的。在虚拟制造中，产品从初始的外形设计、生产过程的建模、仿真加工、模型装配到检验整个的生产周期都是在计算机上进行模拟和仿真的，不需要实际生产出产品来检验模具设计的合理性，因而可以减少前期设计给后期加工制造带来的麻烦，更可以避免模具报废的情况出现。虚拟制造技术还能实现应用厂家在不同的城市甚至不同的国家通过Internet/Intranet进行设计、加工，共享同一产品模型，从而大大提高效率，降低成本。图4-22所示为虚拟制造系统的组成体系。

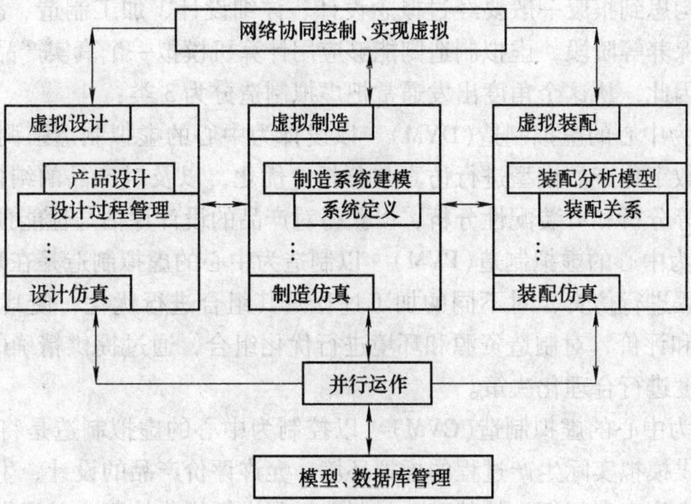

图4-22 虚拟制造系统的组成体系

2. 虚拟制造的核心内容和关键技术

虚拟制造的核心内容主要有虚拟制造的理论体系、虚拟环境的构建、虚拟设计及虚拟机器、虚拟作业过程等。目前的重点是根据我国国情，进行产品的二维虚拟设计、加工过程仿真和装配仿真，研究如何构建可信度高的产品虚拟样机。

虚拟制造的关键技术包括适合产品、制造资源、制造环境等的建模技术与工具，面向产品性能分析评价、制造过程分析评价和生产管理与控制分析评价等生产活动的仿真技术与工具，综合应用图形用户界面技术、虚拟现实技术、信息技术、虚拟产品设计技术、虚拟成型技术等，也就是说计算机仿真、建模和优化技术是实现虚拟制造的核心技术，这也是现代模具制造的关键技术之一。

3. 虚拟制造的特点

虚拟制造中的“虚拟”是相对于实物产品的实际制造系统而言的，它强调的是制造系统运行过程的计算机化，虚拟制造是实际制造的抽象，生产出的是全数字化产品。其主要特点有：

1）虚拟制造不是真实的制造，而是在计算机及网络系统和相关软件系统中进行的制造，其使用的制造工具不是机床等物资设备，而是计算机及网络系统和相关软件系统。

2）虚拟制造所处理的对象是有关产品和制造系统的信息和数据，主要是产品和过程建模以及制造设备的数字化模型，而不是原材料等真实物质。

3）虚拟制造的处理结果是全数字化产品，而不是真实的物质产品，但是它是现实物质产品的一个数字化模型，即是一个虚拟产品，是现实产品在虚拟环境下的影射，并具有现实产品所必须具有的特征和性能。

4）企业生产经营活动是基于 Internet/Intranet 的，整个虚拟制造活动具有高度的并行性，产品设计、加工过程和装配过程的仿真可以并行完成。

5）虚拟制造可以是分布式的，完成虚拟制造的人员和设备在空间上是能够相互分离的，不同地点的技术人员可以通过网络来协同完成同一个虚拟制造过程。

4. 虚拟制造的分类

一件产品从构思到报废一般要经过概念设计、详细设计、加工制造、测试、市场销售、技术培训及维护保养等阶段，虚拟制造则能够应用计算机模拟一个真实产品在整个生命周期内的各个阶段。因此，从这个角度出发通常把虚拟制造分为3类：

（1）以设计为中心的虚拟制造（DVM） 以设计为中心的虚拟制造强调以统一制造信息模型为基础，对数字化产品模型进行仿真与分析、优化，以及对产品的结构性能、运动学、动力学、热力学等分析和可装配性分析，以获得对产品的设计评估与性能预测结果。

（2）以制造为中心的虚拟制造（PVM） 以制造为中心的虚拟制造是在现有资源约束下，对企业的生产过程进行仿真，对不同的加工过程及其组合进行优化，使其对产品的“可生产性”进行分析和评价，对制造资源和环境进行优化组合，通过提供精确的生产成本信息，对生产计划与调度进行合理化决策。

（3）以控制为中心的虚拟制造（CVM） 以控制为中心的虚拟制造是将仿真技术引入到控制模型中，提供模拟实际生产过程的虚拟环境，允许评价产品的设计、生产计划和控制策略，使企业在考虑生产车间行为的基础上对制造过程进行优化控制，并提供在模拟过程中改进的手段。

5. 虚拟制造的主要软、硬件技术

虚拟制造技术的实现需要计算机软、硬件方面的各项关键技术。在软件方面，主要包括可视化技术、环境构造技术、信息描述技术、集成结构技术、仿真技术、方法论、制造的特征化技术及VM的检验和测试技术、在VM环境下的人-机和人-人等关于人机工程学方面的评价和优化技术等；在硬件方面，主要包括各种输入/输出设备如头盔式立体显示器（HMD）、适用的计算机屏幕、可视化眼镜，数据手套、三维鼠标、数据衣、游戏棒等，与输入/输出设备有关的存储信息设备，能支持各种设备、数据存储和高速运算的计算机系统以及各种网络结构（星形、环形、总线型网络）设备和不同站点的硬件设备（小型机）。

二、虚拟制造技术在模具制造中的应用

虚拟制造是一个处于发展中的极具应用潜力的新技术，许多国家都在进行这方面的研究与应用。但作为一项高新技术，虚拟制造技术尚未形成完整的理论体系。目前，在这一领域，美国处于国际研究的前沿，许多大学都在从事虚拟制造的研究工作，如华盛顿州立大学有一个虚拟现实和计算机集成制造实验室，密执安大学在进行虚拟加工机床的研究，爱荷华州大学在进行虚拟车间的研究等。在我国，清华大学、北京航空航天大学和哈尔滨工业大学等单位也在陆续开展这一领域的研究工作，但总体来说仍处于起步阶段，主要还停留在国外理论的消化和与国内环境的结合上。

把虚拟制造技术应用在模具工业中可以缩短开发周期，产品设计、模具设计、模具制造过程、模具装配调试、试模均在计算机上进行，从而大大提高了生产效率和产品质量，并降低了生产成本，将模具CAD、CAM与生产过程管理有机地联系在一起。

1. 虚拟产品设计

无论是塑料模具还是金属冲压模具，其最终的目的是能够生产出符合顾客要求的产品。企业可以根据市场要求产品所要达到的用途进行产品设计。在保证产品用途要求的前提下，外观和产品的最终成本也要兼顾。产品设计是模具工业中的第一环节，也是影响后续工作的重要一环，产品设计是否合理直接影响经济效益。

2. 虚拟模具设计

一般借助计算机进行的模具设计不能有效、合理地把产品设计、模具设计、模具制造等结合起来考虑。在实际制造过程中造成返工修改的次数多，装配性不好，在交付使用过程中则发现满足不了用户的要求，并且设计出来的模具生产灵活性差。虚拟制造技术的虚拟设计过程能够克服上述缺陷，因虚拟设计能充分利用现有的 CAD 软件，基于特征设计的设计平台，较好体现面向制造设计、面向装配设计和面向质量设计的设计思想。在虚拟设计的过程中，可以充分利用虚拟制造、虚拟装配技术、决策支持系统等初步的设计方案进行虚拟加工、装配，并及早发现设计上的问题。在三维 CAD 基础上的虚拟设计是未来模具设计的发展方向。在经济较发达的地区，3D 视图已广泛应用于模具设计中，根据对产品的三维描述就能快速确定模具的型芯、型腔及凸模、凹模等主要工作零件，再从模架库中选模架，有些其他辅助的零件也可很快地从标准库中生成，从而极大地缩短了虚拟设计的时间。

3. 虚拟模具制造

虚拟模具制造充分利用计算机仿真等虚拟制造技术，既对模具进行虚拟制造，也从制造的角度考察设计；既为设计的优化提供依据，也为优化制造过程提供分析和辅助工具。在虚拟模具制造过程中，模具的各个零部件的加工方法，机床、工艺参数的选用，以及加工过程中可能出现的加工缺陷等都需要经过仿真、分析与处理。

4. 虚拟模具装配

模具的零部件设计得再好，加工精度再高，如果难以装配，也难以实现产品的开发。模具的虚拟装配主要包括装配过程的仿真、公差分析、装配工艺规划、动态地仿真实际零件的装配过程，并可进行大装配漫游，从而发现干涉问题。精度设计是产品设计的重要环节，涉及产品的质量和成本，在批量生产条件下对各主要工作零件进行公差分析，发现问题，及时进行调整。装配工艺文件是指导实际装配过程的技术文件，包括装配顺序、设备工装和工时定额等，为了增强实用性，可以在计算机上开发一个产品装配工艺文件编辑系统。该系统既能交换或编辑工艺文件，又能和产品数据库连接，还可以从三维实体中读取产品的装配关系。

5. 虚拟调试

虚拟制造中，模具的调试主要是指虚拟模具的动作过程，对不合理的地方及时反馈信息进行调整。试模是模具出厂前必须进行的步骤。虚拟试模是虚拟制造以模具生产产品为基础，对于虚拟生产出的产品是否满足顾客需求予以检验，以确定模具能否投入正常生产。例如对塑料注射模具，通过虚拟注射过程检验生产出的制件是否有缺陷，浇口、浇道是否设计合理，型腔能否正常填满等。

从时间上来讲，产品的开发是有先后顺序的，比如设计、工艺、制造，只有在设计进行之后才能进行工艺设计。从数据上来说，工艺性分析在设计数据给出后才能进行。然而，关键的问题在于设计后何时以及设计数据生成多少时进行工艺分析、工艺设计。例如，在模具工业中，产品设计开始生成某些数据后就可以将数据传递给模具设计、模具制造、模具装配等，即下游的工作人员可根据产品设计传递来的数据对其进行模具设计、制造、装配等方面的分析，并将分析的结果反馈给设计人员。但产品设计与其相关领域的局部数据的一致并不能说明全局数据信息的一致性。

6. 虚拟制造技术应用实例

1）日本丰田汽车公司利用虚拟制造技术成功开发出了新车型丰田 AVALON。因为在生产前期就能预测生产中可能出现的问题，使得工作人员较早的发现并解决问题，在设计早期阶段得到更多的信息，从而降低企业的开发风险。丰田 AVALON 在整个开发过程中，开发周期减少了 10 个月，开发人员减少了 20%，生产样车减少 70%，开发成本减少了 35%，而且生产出的轿车质量有了显著的提高。由此可见，虚拟制造技术不但能缩短产品的开发周期，减少企业的开发成本，而且可以提高产品的质量和一次研发的成功率。

2）欧洲空中客车一改过去的传统产品的研制及开发方法，采用虚拟制造及仿真技术，把空中客车试制周期从 4 年缩短为 2.5 年，不仅能将产品提前投放市场，而且显著降低了产品的研制费用及生产成本，大大增强了全球竞争能力。

3）波音-西科斯基公司在设计制造 RAH-66 直升机时，使用了全任务仿真的方法进行设计和验证，通过使用数字样机和多种仿真技术，虽然花费了 4590h 仿真测试时间，但却节省了 11590 小时的飞行时间，节约经费总计 6.73 亿美元，从而使企业获得了巨大收益。同时，数字式设计使得所需的人力减到最少。在 CH-53E 型直升机的设计中，38 名绘图员花费 6 个月绘制飞机外形的生产轮廓图，而在设计 RAH-66 时，利用虚拟技术，由一名工程师用一个月就完成了。

4）波音 777 飞机全面应用 VM 技术，其整机设计、部件测试、整机装配以及各种环境下的试飞均是在计算机上完成的，使其开发周期从过去的 8 年时间缩短到 5 年，甚至在一架样机未生产的情况下就获得了订单。

5）汽车覆盖件模具的虚拟制造开发流程如图 4-23 所示，首先从产品需求分析开始，然后进行概念设计，再从优化设计到系统集成，通过使用相关开发软件，在虚拟环境中构造产品的虚拟模型。

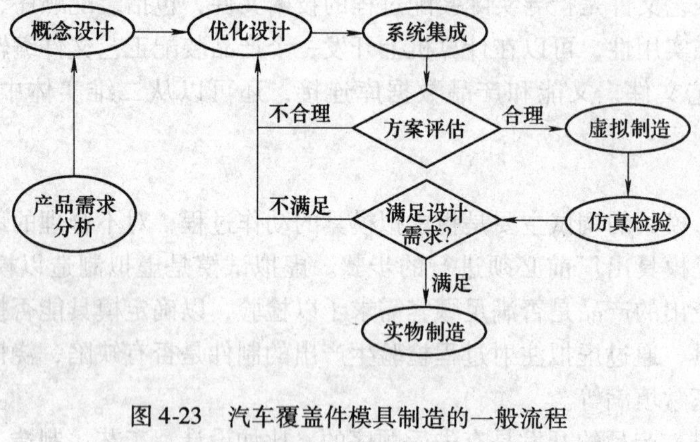

图 4-23　汽车覆盖件模具制造的一般流程

第六节　三维测量技术

在模具制造中，大多数模具都是按照三维 CAD 数学模型在数控机床上完成的，它与原 CAD 数学模型相比仍有差别，若要确定其在数控加工制造中产生的尺寸和形位误差，一般检测技术均无法完成，此时就需用三坐标测量机进行测量。三坐标测量机是按法线方向对工件进行精确测量并获得准确的坐标测量结果，可与原 CAD 数学模型进行比较并以图形方式显示，生成坐标检测报告。整个测量过程直观、快捷，用传统的检测方法是无法完成的。三坐标测量机测量精度高，可减少测量误差，从而保证了产品的精度，使其能够满足设计与制造的需要，对提高产品的市场竞争力具有重要的推动作用，对模具制造业的技术进步有很大的促进作用。三坐标测量机除了具备常规的几何尺寸和形位公差检测功能外，在逆向工程和曲面坐标检测等方面具有巨大的优势，是当今模具制造不可缺少的重要工具。

一、三坐标测量技术概述

三坐标测量技术是将被测零件或部件置于三坐标测量空间，通过测量并获得被测工件上各测点的坐标位置，并根据这些点的空间坐标值，经计算机处理后求出被测工件的几何尺寸、形状和位置误差等。

首台三坐标测量机是由英国 Ferranti 公司于 1959 年生产出来的，它可测量任意物件的尺寸、形状、位置和状态，在当时被称为万能型测量机。1974 年美国 Brown&Sharpe 推出全球第一台三维数控测量机，随后 PC-DMIS 率先把强大的 CAD 功能引入到测量软件中，从此三坐标测量机就以其高精度、高柔性和优异的数字化能力，成为现代制造业尤其是模具制造业设计、开发、加工制造和质量保证的重要手段。20 世纪末，美国的 CYRA 公司和法国的 MENSI 公司率先将激光技术应用于三维测量领域，使三维测量技术又上了一个新台阶。目前，三坐标测量机技术有了突飞猛进的发展，国内也出现了许多生产精密三坐标测量机的厂家，市场竞争异常激烈。如今，三坐标测量机已被广泛应用于实际生产或研究开发的各个领域。

二、三坐标测量技术分类

三坐标测量技术在模具制造中应用非常广泛，它可以说是一种集设计开发、检测、统计分析为一体的现代化的智能工具，更是模具产品质量技术保障的有效工具。当今使用的三坐标测量机主要有桥式测量机、龙门式测量机、水平臂式测量机和便携式测量机等。三坐标测量机按测量方式可大致分为接触式与非接触式两种。

1. 接触式测量

（1）接触式测量的原理　接触式测量技术是利用计算机控制测头，测头由零件法线方向点触各预设测点，通过传感器将信息传递给计算机并记录下被测点的三维坐标信息，如图 4-24 所示。

如图 4-24 所示可以看出，接触式测量是靠一个球形探头点触零件后并将其位置信息传递给计算机的。因此接触式测量得到的数据实际上是探头的球心位置，而要获得物体外形的真实尺寸，则需要对探头球半径进行补偿，即三维接触式测量存在一个误差修正的问题。接触式测量的补偿原理为：当测量某一曲面时，探头球体将沿被测工件法线方向点触零件，如图 4-25 所示。探头球心位于被测点的法线方向上，探头球体边沿与被测工件边沿间的接触点为 A，A 点至球心 C 点有一半径偏差量，实际要求测量的位置是接触点 A，所以必须沿法线负方向补正一个球头半径的值，整个物体曲面的补偿需要冗长的计算，这也是产生测量误差的因素之一。

（2）接触式测量方法的优缺点　接触式测量是测头直接接触工件进行的测量，其优点如下：

1）接触式测量机的探头、机械结构及电子系统等技术成熟，准确性、可靠性高。

2）接触式测量可快速准确地测量出面、圆、圆柱、圆锥和圆球等物体表面的基本几何形状。

图 4-24　接触式测量原理

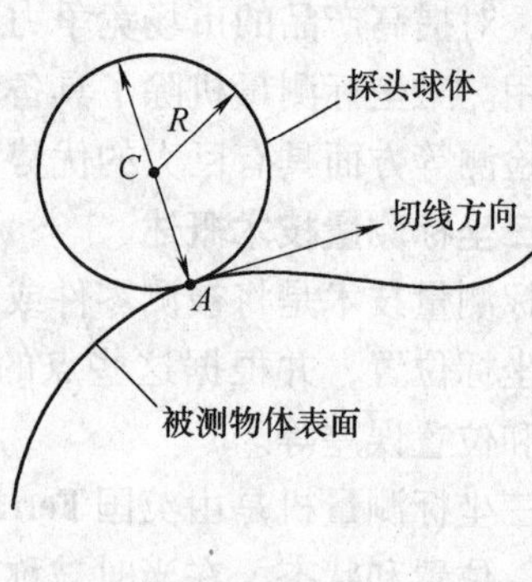

图 4-25　接触式测量补偿原理

3）接触式测量是直接接触物体表面进行测量，因而不受物体表面的颜色、反射特性和曲率影响。

当然它也存在如下缺点：

1）由于接触式测量机的探头频繁接触被测工件会导致球形探头容易磨损，为保持一定的精度，需要经常校正球头的直径。

2）接触式测量是逐点测量，测量速度慢。

3）接触式测量机如果操作失误，容易损坏探头和降低零件某些重要部位的表面精度。

4）接触式测量无法测量零件上小于探头直径的小孔。

5）接触式测量会因探头触发机构的延迟导致动态误差。

6）如果探头的压力过大会使被测工件表面发生变形，导致测量球头局部压入被测工件表面，从而影响测量精度。

2. 非接触式测量

（1）非接触式测量原理　非接触式测量技术是利用声、光、电磁等与物体表面发生相互作用的物理现象来获取物体的三维坐标信息。非接触式测量方式主要有激光三角法、结构光法、工业 CT 法、超声波法、核磁共振法（MRI）和层析法（CGI）。其中以应用光学原理发展起来的激光三角法、结构光法应用最为广泛。由于其测量速度快、精度较高，且不与被测工件接触，因而能够测量柔软质地的物体，故越来越受到重视。下面对最为常用的激光三角法的测量原理作简要介绍。

激光三角法是根据光学三角形测量原理，以激光作为光源，将激光束投射到被测物体的表面，并用光电敏感元件在另一位置接收激光的反射能量，利用激光束和光敏元件间的位置和角度关系来计算被测工件表面点的坐标数据的一种测量方法。根据其结构模式可分为点光源测量法和线光源测量法。

① 点光源测量法。点光源测头一次只能测量一个点，计算机控制测头在指定区域内进行点扫描运动，对于较大的物体可以分区扫描。其测量原理如图 4-26 所示，它通过被测点相对于参考平面的高度和两者在光敏元件上成像的位移等，计算出零件表面点的坐标值。

② 线光源测量法。线光源测头一次可以测量一条线，计算机控制测头在指定的区域内进行线扫描运动，对于较大的物体可以采用分区扫描，但各区域间衔接处要有一定的重叠量以免遗漏边缘的数据。如图 4-27 所示，其工作原理是由激光器和光学镜头产生线激光束并

垂直投射到被测物体的表面，然后由左右两个CCD摄取激光线在物体表面形成的反射光线，由于两个CCD摄像头与垂直线形成一定的角度，拍摄到的激光线是随物体表面变化的空间曲线。激光线将物体全部扫描一遍即可获得描述物体表面形状的一组空间曲线，再通过标定便得到准确的三维空间坐标数据。

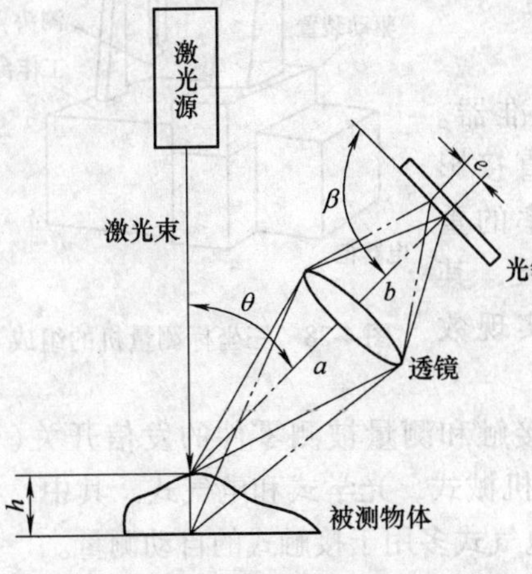

图4-26　点光源测量法原理

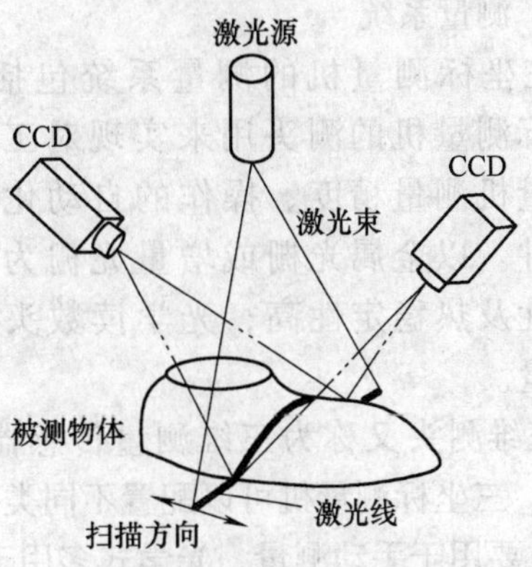

图4-27　线光源测量法原理

(2) 非接触式测量方法的优缺点　与接触式测量相比，由于不与被测工件接触，测量物体的范围增大，具有测量速度快等优点；同时也正由于非接触，对测量精度等带来一定的影响。

优点如下：

1）非接触式测量激光束直接投射到物体表面，因而没有半径补偿的问题。

2）由于测量过程不接触物体，可以直接测量软性物体、薄壁物体和高精密零件等。

3）非接触式测量可以用快速扫描，不用逐点测量，因此测量速度快。

缺点如下：

1）非接触测量需要应用光敏位置探测技术(Position Sensitive Detector，即PSD)，目前的PSD测量精度有限，因此非接触测量机的测量精度受限。

2）非接触测量原理要求探头接收照射在物体表面的激光光斑的反射光或散射光，因此，物体表面的颜色、斜率等反射特性会影响测量精度。

3）非接触测量方法需要对物体表面轮廓坐标点进行大量采样，物体表面上的边线、凹孔和不连续形状的处理较困难，会影响到测量精度。

4）被测工件的表面粗糙度也会影响测量精度。

5）被测量物体形状尺寸变化较大时，使CCD成像模糊而影响测量精度。

三、三坐标测量机的组成

三坐标测量机的规格品种很多，但基本组成主要为测量机主体、测量系统、控制系统和数据处理系统，分述如下：

1. 测量机主体

如图4-28所示，测量机的主体运动部件包括沿X轴移动的主滑架、沿Y轴移动的副滑架、沿Z向移动的Z轴驱动装置以及底座、测量工作台等。

驱动装置由伺服电动机、滚珠丝杠系统、钢带驱动系统、无振动驱动系统等组成；实现二维运动时采用滑动、滚动轴承和气浮导轨；标尺系统包括线纹机、气动平衡装置、感应同步器、光栅尺及数显电气装置等。

测量机工作台的制造材料多为花岗岩，它具有稳定、抗弯曲、抗振动和不易变形等优点。

2. 测量系统

三坐标测量机的测量系统包括三维测头和标准器。三坐标测量机的测头用来实现对工件的测量，是直接影响测量机测量精度、操作的自动化程度和检测效率的重要部件。以金属光栅或增量光栅为标准器的光栅尺，其可靠性及热稳定性高，光学读数头用于各坐标轴实现数据测量。

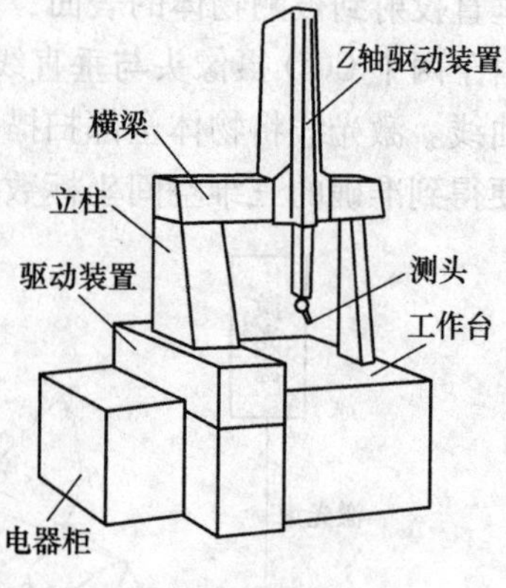

图 4-28 三坐标测量机的组成

三维测头又称为三维测量传感器，它是测量机接触和测量被测零件的发信开关(图4-29)。三坐标测量机可以配置不同类型的测头，包括机械式、光学式和电气式。其中，机械式主要用于手动测量，光学式多用于非接触测量，电气式多用于接触式的自动测量。

(1) 接触式测头　接触式测头可分为开关式与扫描式两大类。

开关式测头的实质是零位发讯开关，以 TP6(RENISHAW,如图 4-30 所示)为例，它相当于三对触点串联在电路中，当测头产生任一方向的位移时，均使任一触点离开，电路断开即可发讯计数。开关式测头结构简单，寿命长(106 ~ 107 万次)，具有较好的测量重复性(0. 28 ~0. 35μm)，而且成本低廉，测量迅速，因而得到较为广泛的应用。

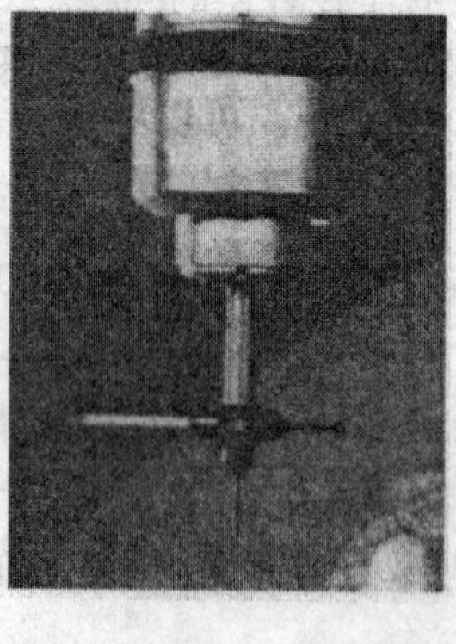
图 4-29 三维测头

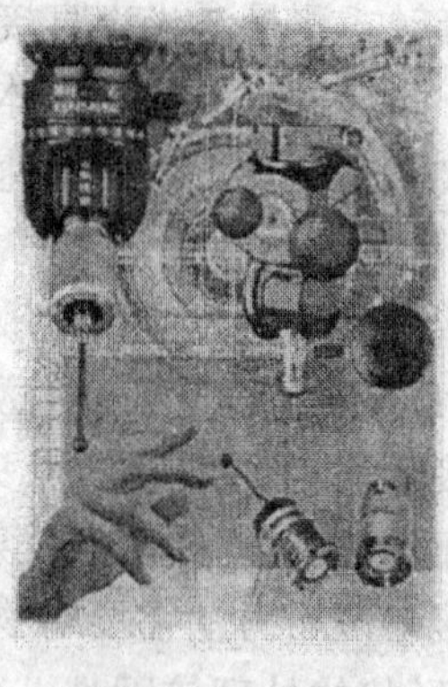
图 4-30 TP6 测头

扫描式测头实质上相当于 X、Y、Z 三个方向皆为差动电感测微仪，X、Y、Z 三个方向的运动是靠三个方向的平行片簧支撑作无间隙转动的，测头的偏移量由线性电感器测出。扫描式测头主要用来对复杂的曲线曲面进行测量。

(2) 非接触式测头　非接触测头为光学式测头，主要分为激光扫描测头和视频测头两种。

激光扫描测头主要用于对较软材料或一些特征表面进行非接触测量的三坐标测量机。测头在距离检测工件一定距离时，在其聚焦点 5mm 范围内进行测量，采点速率在 200 点/秒以上，另外，为获得较高的精度需要对大量的采集数据进行平均处理。

采用视频测头进行测量时，操作者可将检测工件表面放大50倍以上，再利用标准的或可变换的视频测头实现对细小工件的测量。一些诸如印制电路板、触发器、垫片或直径小于0.1mm的孔均可采用视频测头进行测量。视频测头使得过去许多无法完成的测量任务得以完成，进一步扩大了测量机的应用范围。

3. 控制系统和数据处理系统(测量软件)

控制系统主要由电气控制系统、计算机硬件、测量软件和数据输出设备组成。电气控制系统包括单轴与多轴联动控制、外围设备控制、通信控制和保护与逻辑控制等。计算机是三坐标测量机的控制中心，用于控制全部测量操作、数据处理和输入/输出等。

数据处理系统即测量软件，包括控制软件、数据处理软件。可进行坐标变换与测头校正，生成控测模式与测量路径，用于基本几何元素及相互关系的测量、形状与位置误差的测量、曲线与曲面的测量，还有统计分析、误差补偿和网络通信等功能。

四、三坐标测量机的应用

1. 三坐标测量机的应用实例

(1) 实例一：零件尺寸公差和形位公差的检测　如图4-31所示模板零件，检测25±0.026mm和23±0.03mm和垂直度公差。

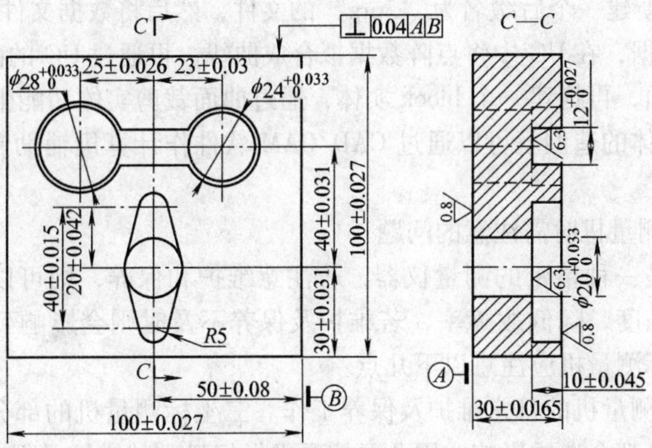

图4-31　被测量零件

1) 测量设备。海克斯康测量机有限公司(原青岛前哨)Z003型三坐标测量机。测量软件采用EZDMIS。

2) 测量方法简介

① 将工件安放在测量机工作台上(基准A面放于工作台,对称平面与X轴平行)。

② 选择测头和校验测杆长度，校验测头。

③ 测量基本元素：在零件上表面PL01，测量ϕ20mm、ϕ24mm和ϕ28mm的圆孔CI01、CI02、CI03。

④ 构造直线：将CI01、CI02、CI03分别投影在平面PL01上得投影点P001、P002、P003，并将投影点P002、P003拟合成直线LI01。

⑤ 建立零件坐标系PC01：以P001为零件坐标原点，以直线LI01方向作X轴，以零件上表面的法向方向作Z轴正方向。

⑥ 测量零件上表面PL02，测量ϕ20mm、ϕ24mm和ϕ28mm的圆柱CY01、CY02、CY03。

⑦ 测量零件右表面（基准 B 面）和后表面（有垂直度要求的被测面）。

⑧ 进行公差评价。

⑨ 输出测量结果。

（2）实例二：三坐标测量在模具修复中的应用　如图 4-32 所示为某通信公司信号采集器的外形图，由于在注塑生产过程中上盖时型腔被破坏，需要重新加工上盖，同时要将上盖的外形设计成流线型曲面。在实际操作中，发现此模具为曲线分模，需要过采集下盖的分模线来确定上盖的分模线形状。

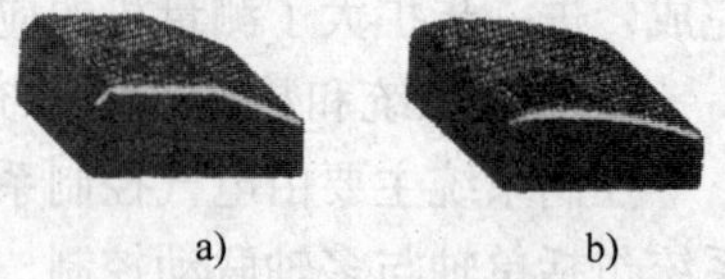

图 4-32　采集器产品示意图
a）现有产品　b）新产品

① 建立坐标确定扫描的矢量方向后，对采集器现有产品模具的下盖要进行扫描（上盖在下盖的基础上进行设计制图），扫描间距为 0.5mm，在扫描的过程中应注意锁定控制曲线方向的坐标轴，避免曲线不在同一方向上而失真，获得点阵数据。

② 为了便于将数据点阵导入 CAD/CAM 软件，应将测得的数据另存为“＊. igs”格式的文件。

③ 在 UG 中，新建一个后缀名为“. prg”的文件，然后将数据文件导入“. prg”文件。

④ 根据点阵数据，在 UG 中将点阵数据拟合成曲线，再通过 UG 的曲线生成曲面功能对拟合的曲线生成曲面，再构建一个 block 实体，通过曲面裁剪实体功能生成型腔。

⑤ 有了三维实体的造型就可以通过 CAD/CAM 软件作计算机辅助制造，在数控加工设备上完成该实体加工。

2. 使用三坐标测量机时需注意的问题

三坐标测量机是一种精密的测量仪器，若注意维护和保养，则可以延长机器的使用寿命，并能保证设备精度，降低故障率，若维护及保养不及时则会影响到测量机的精度和寿命。正确使用三坐标测量机应注意以下几点：

① 做好三坐标测量机的日常维护及保养工作。三坐标测量机的部分零件精度很高，温度、湿度以及灰尘等都会造成影响，因此要按要求做好日常的维护及保养工作。

② 正确安装零件，安装前满足零件与测量机的等温要求。

③ 工件吊装前，要将测头移至安全位置，为吊装工作预留较大的空间。工件吊装要平稳，不可撞击三坐标测量机的任何构件。

④ 按图样的要求建立正确合理的坐标系，以确保所测数据准确。

⑤ 当需要用程序自动测量时，为防止测头与工件的干涉需增加拐点。

⑥ 对于一些较重的大型模具、检具，测量结束后应及时吊下工作台，以避免工作台长时间处于承载状态。

五、三坐标测量机的环境要求和误差分析

1. 三坐标测量机的环境要求

由于坐标测量机是一种高精度的检测设备，其测量环境条件，直接影响到测量精度和测量机的寿命等，测量环境包括检测工件的状态及环境、温度条件、振动、湿度、供电电源、压缩空气等因素。

（1）检测工件的状态及环境　被检测工件的表面粗糙度、加工留下的切屑、切削液和全系统损耗用油会造成测量误差。另外，灰尘和污物若集中在球形探头上也会影响测量机的性能和精度。因此在测量机开始工作之前和完成检测任务之后均应进行必要的清洁工作(清洁工作要按测量机要求进行)。

(2) 温度　温度是影响测量的主要环境因素之一，为保证测量精度，各测量机制造厂商对测量温度都有严格的限定，一般为20℃。操作测量机时也必须按照这个温度，但实际状况并不是如此，环境温度的变化包括短时间温度的变化、长时间温度的变化、温度梯度的变化等，因而测量机一般需要有温度补偿。

目前，有许多测量机直接在生产车间现场使用，生产现场的条件往往不能满足设备对温度的要求，因此大多数测量机都采用了温度自动修正系统。温度自动修正补偿系统是通过对测量机光栅和检测工件温度的监控，根据不同金属的温度膨胀系数进行补偿。但对于快速温度或温度梯度的变化，该系统仍无法进行补偿修正。

(3) 振动　由于较多的测量机转而应用于生产现场，振动成为一个不可忽略的问题。比如冲压机、空压机，或其他重型设备在测量机的周围势必会对测量机产生严重的影响。较难察觉的是小幅振动，特别是同测量机自身的振动频率相混淆，对于测量精度也会产生较大影响。因此，三坐标测量机对于周围环境的振动频率与振幅均有一定的要求。

(4) 湿度　相对其他环境因素，湿度并不是影响测量的重要因素。为防止块规或其他计量设备的氧化和生锈，要求保持环境湿度在40%以下。

(5) 供电电源　为保证控制系统和计算机系统以及同外部联网的良好运作，对于供电电源包括电源电压变化、频率要求以及接地装置、屏蔽装置的要求都有一定的要求。

(6) 压缩空气　大部分三坐标测量机都使用了精密的空气轴承，因而需要压缩空气。为防止水和油侵入压缩空气而对测量机产生影响，测量机对压缩空气的质量要求较高。同时还应避免突然的断气对测量机空气轴承和导轨造成损伤。

2. 三坐标测量机的误差分析

三坐标测量机受环境等因素的影响，不可避免地存在以下误差：

1）三坐标测量机本身的误差，即三坐标测量机本身的几何误差、重复性误差，标尺分辨力，探测系统误差，重复性误差、方向性误差等，这些误差是不可避免的。

2）环境误差，如温度、湿度和振动等环境影响产生的误差，测量时应尽量减小这类误差以确保检测精度。

3）测量件因素，如测量件的固定方法、操作方法等产生的误差，测量件表面粗糙度、形状误差等因素产生的测量误差，应尽量减小这类误差以确保检测精度。

4）测量策略。三坐标测量机的测量特点是测量策略，包括测量点的位置、测量点的数目等，测量策略对测量精度也有较大的影响。

六、三坐标测量技术的发展趋势

近年来，随着大批量生产向多品种小批量生产的转化，对机械零部件采用抽样检查方式来保证产品质量的作法，已明显滞后于生产实际。随着对制品全面检测需求的日益增加，对测量机也提出了高精度化及多项检测的合理化要求。为满足这种需要，高性能的三坐标测量机的需求急剧增长。目前，三坐标测量机所配用的电子设备，尤其是所配计算机的微型化和高功能化、基准刻度尺的高精度化及高性能测头的开发等，使三坐标测量机的性能有了巨大提高，随着非接触、高效率的三坐标测量机的大量出现，专家预计21世纪测量技术的发展方向大致如下：

1）三坐标测量机的分辨力将进一步提高，其精度将由微米级向纳米级发展。

2）三坐标测量技术将由点测量向面测量过渡(即由长度的精密测量扩展至形状的精密测量)，提高整体测量精度。

3）随着图像处理等新技术在三坐标测量机中的应用，遥感技术将得到推广。

4）随着标准化体制的确立和测量不确定度的数值化，将有效提高三坐标测量的可靠性。

总之，三维测量技术必须实现高精度化、高速化和高效率化，因此，非接触测量和高效率测量也必然成为新世纪精密测量技术的重要发展方向。

复习思考题

1. 名词解释：NC、MC、EDM、RP、VM。
2. 数控机床加工有何特点？
3. 模具数控加工有何特点？
4. 数控车床的分类和特点是什么？
5. 数控车削主要加工的模具零件有哪些？
6. 数控车削的工艺特点是怎样的？
7. 数控车削的刀具种类有哪些？
8. 简述数控铣床的分类和特点。
9. 数控铣削主要加工的模具零件有哪些？
10. 数控铣削的工艺特点是什么？
11. 数控铣削的刀具种类有哪些？
12. 加工中心由哪些部分组成？
13. 加工中心如何分类？
14. 加工中心的主要加工对象有哪些？
15. 数控坐标磨床有何特点？
16. 数控坐标磨床有哪些磨削方式？
17. 数控电火花加工在模具制造中有哪些应用？
18. 数控电火花的工艺特点有哪些？
19. 数控电火花线切割加工在模具制造中有哪些应用？
20. 数控电火花线切割的工艺特点有哪些？
21. 高速加工技术有何优势？
22. 我国高速加工技术与国外高速加工技术的差距有哪些？
23. 简述 RP 技术的特点。
24. RP 技术的典型方法有哪些？
25. 列表说明 RP 技术典型方法的优缺点。
26. 简述 VM 的特点及分类是怎样的？
27. VM 在模具制造中的应用有哪些？
28. 简述三维坐标测量技术的分类及其各自的优缺点。
29. 简述三坐标测量的发展趋势。

第五章　模具设计先进技术

本章应知

1. 清楚模具设计先进技术的种类。
2. 了解各类技术的应用场合。
3. 了解各类技术的意义。

本章应会

1. 能够合理选择模具设计方法。
2. 掌握各类设计技术的简单应用。

第一节　计算机辅助设计

一、计算机辅助设计简介

计算机辅助设计(Computer Aided Design,即 CAD)技术是以计算机、外围设备及其系统软件为基础，帮助工程技术人员进行设计的一切适用技术的总和，包括计算机辅助绘图设计、有限元分析(FEA)及优化设计、数控加工编程(NCP)、仿真模拟及产品数据管理等内容。

计算机辅助设计的特点是将人的创造能力和计算机的高速运算能力、巨大存储能力和逻辑判断能力很好地结合起来。在工程、产品设计中，许多繁重的工作，例如非常复杂的数学和力学计算，多种设计方案的提出、综合分析比较与优化，工程图样及生产管理信息的输出等，均可由计算机完成。设计人员则可对计算、处理的中间结果作出判断、修改，以便更有效地完成设计工作。计算机辅助设计能极大地提高设计质量，减轻设计人员的工作量，缩短设计周期，降低产品成本，为开发新产品和新工艺创造了有利条件。目前，在我国 CAD 正受到企业的欢迎和重视，已得到广泛的推广和应用。

计算机辅助设计系统由硬件系统和软件系统构成，一般以工程数据库、图形库为支持，包括交互式图形设计、几何造型、工程分析与优化设计、人工智能与专家系统等功能。随着计算机辅助设计在企业的推广和应用，人们日益重视它与计算机辅助制造之间的信息集成。这种信息集成避免了产品信息的重复输入，可以提高产品质量、缩短产品开发周期、大大提高企业效益。为此，国内外近期着重发展产品整个生命期内的产品数据描述与交换技术。如果再进一步实现计算机集成制造系统，将极大地改变企业面貌。并行设计与并行工程技术力图在产品设计阶段尽可能早地解决后续加工制造、维护等阶段所产生的问题，将使新产品的开发发展到更高的水平。此外，进一步引入人工智能与专家系统技术，将提高计算机辅助设计的智能化水平。

1. 计算机辅助绘图设计

计算机辅助绘图设计技术在 20 世纪 70 年代末期以前一直以二维绘图为主要目标，而今随着计算机技术的不断发展，三维绘图已逐渐成为 CAD 的发展趋势。初期三维 CAD 系统是线框造型系统，只能表达基本的几何信息，不能有效表达几何数据间的拓扑关系。由于缺乏形体的表面信息，CAM 及 CAE(Computer Aided Engineering，计算机辅助工程分析)均无法实现。进入 20 世纪 70 年代，法国开发出以表面模型为特点的自由曲面建模方法，推出了三维曲面造型系统 CATIA。20 世纪 80 年代初期，基于对 CAD/CAE 一体化技术发展的探索，SDRC 公司于 1979 年发布了世界上第一个完全基于实体造型技术的大型 CAD/CAE 软件 IDEAS。实体造型技术既带来了算法的改进和未来发展的希望，同时也带来了数据计算量的极度膨胀。在当时的硬件条件下，实体造型的计算及显示速度很慢，在实际设计过程中未得到广泛的应用。在随后的 10 年里，随着计算机硬件性能的提高，实体造型技术逐渐为众多 CAD 系统所采用。进入 20 世纪 80 年代中期，参数技术公司提出了参数化实体造型方法。其主要特点是：基于特征、全尺寸约束、全数据相关、尺寸驱动设计修改。其研制的参数化软件 Pro/Engineer(简称 Pro/E)第一次实现了由尺寸驱动的零件设计修改方式。进入 20 世纪 90 年代后，参数化技术变得成熟起来，并充分体现出其在许多通用件、零部件设计上存在的简便易行的优势。参数化技术的成功应用，使得它在 20 世纪 90 年代前后几乎成为 CAD 业界的标准，但参数化技术中的全尺寸约束这一硬性规定干扰和制约着设计者创造力及想象力的发挥。目前提出了一种比参数化技术更为先进的实体造型技术——变量化技术作为今后的开发方向。变量化技术既保持了参数化技术的优点，同时又克服了它的许多不利之处。变量化技术的成功应用为 CAD 技术的发展提供了更大的空间和机遇。

目前，CAD 技术及相应的硬件、软件已较普及，在发达工业化国家如美国、日本和欧洲各国，CAD 已广泛应用于设计与制造的各个领域如飞机、汽车、建筑、航空航天等，基本实现 100% 的计算机绘图。CAD 系统的销售额以每年 30%~40% 的速度递增，各种 CAD 软件的功能越来越完善，越来越强大。

对 CAD 系统硬件的要求较高，一般由计算机及其外围设备和网络组成。计算机分为大型机、中小型机、工作站和微机四大类。随着计算机技术的不断更新，目前应用最多的是高性能的微机。外围设备包括鼠标、键盘、扫描仪等输入设备和显示器、打印机、绘图仪、复印机等输出设备。网络系统包括中继器(增加网线长度)、网桥(同构网互联)、路由器(选择加工路线)、网关(异构网互联)、Modem 等硬件设备及相应的通信协议。先进的 CAD 系统都是以网络的形式出现的。为了充分发挥计算机硬件的作用，CAD 系统还必须配备各种功能齐全的软件。CAD 系统的软件组成如图 5-1 所示。

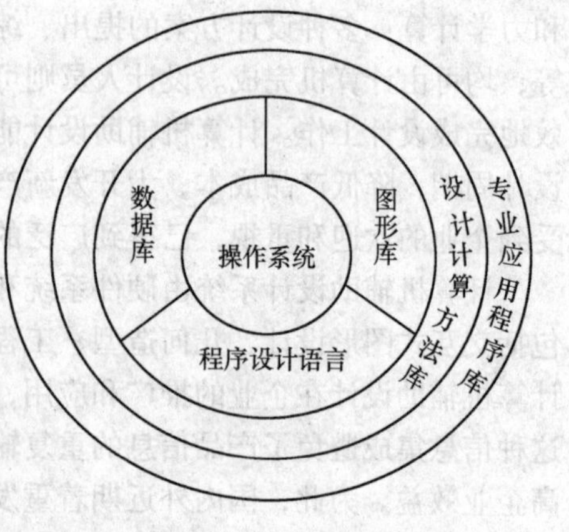

图 5-1 CAD 系统的软件组成

CAD 系统的软件可分为两大类：支撑软件和应用软件。支撑软件包括操作系统(实现对硬件的控制和资源的管理)，程序设计语言(Fortran、Basic、C、二次开发语言和汇编语言等)及其编辑(或编译)系统，数据库管理系统(对数据的输入、输出、分类、存储、检索进行管理等)和图形支撑软件(AutoCAD、Pro/E 等)。

CAD 系统的应用软件是指根据本领域工程特点，利用支撑软件系统开发的解决本工程领域特定问题的应用软件系统。应用软件系统包括：设计计算方法库(常用数学方法库、统计数学方法库、常规设计计算方法库、优化设计方法库、可靠性设计软件、动态设计软件等）和各种专业应用程序库（常用机械零件设计计算方法库、常用产品设计软件包等）。

20 世纪 90 年代以来，微机的性能有了很大的提高，配置较高的微机已足以运行以前只有在工作站上才可以运行的 CAD 软件。这些基于 Windows 操作系统或 UNIX 操作系统平台的优秀 CAD 软件主要有 AutoCAD、Pro/E、IDEAS、UG、SolidWorks、SolidEdge 等。

2. 有限元分析

随着现代科学技术的发展，人们正在不断建造更为快速的交通工具、更大规模的建筑物、更大跨度的桥梁、更大功率的发电机组和更为精密的机械设备。这一切都要求工程师在设计阶段就能精确地预测出产品和工程的技术性能，需要对结构的静、动力强度以及温度场、流场、电磁场和渗流等技术参数进行分析计算。例如分析计算高层建筑和大跨度桥梁在地震时所受到的影响，看看是否会发生破坏性事故；分析计算核反应堆的温度场，确定传热和冷却系统是否合理；分析涡轮机叶片内的流体动力学参数，以提高其运转效率。这些都可归结为求解物理问题的控制偏微分方程式。由于实际问题往往十分复杂，要从理论上求解上述方程式往往是不可能的。在计算机技术和数值分析方法支持下发展起来的有限元分析（Finite Element Analysis，即 FEA）方法则为解决这些复杂的工程分析计算问题提供了有效的途径。

有限元是那些集合在一起能够表示实际连续域的离散单元。有限元分析是把要分析的连续体假想地分割成由许多被称为有限元的小单元所组成的组合体，对每一单元假定一个合适的（较简单的）近似解，然后推导求解这个域的满足条件（如结构的平衡条件），从而得到问题的解。由于复杂问题被众多较简单的问题所代替，因此，这个解不是准确解，而是近似解。因为大多数实际问题难以得到准确解，而有限元不仅计算精度高，而且能适应各种复杂形状，因而成为行之有效的工程设计手段。

随着 CAD 技术的普及，工程技术人员已逐步甩掉绘图板，而将主要精力集中于如何优化设计、提高工程和产品质量等方面。有限元分析软件与 CAD 系统的集成应用使设计水平发生了质的飞跃，主要表现在以下几个方面：

1）增强产品和工程的可靠性。

2）用优化设计方案，降低原材料的消耗或成本。

3）缩短产品上市时间。

4）模拟试验方案，减少试验次数，从而减少试验经费。

5）进行机械事故分析，查找事故原因。

在大力推广 CAD 技术的今天，从家用电器到武器装备，所有的设计制造都离不开有限元分析计算，有限元分析在工程设计和分析中将得到越来越广泛的重视。

3. 仿真设计

一种新产品的开发总要经历设计、分析、计算、修改的反复过程，通常还需制造样机，并进行试验等。如果发现问题，则要修改设计方案或参数，重新制造样机，重新试验，致使新产品的开发耗资大、周期长。有些产品的性能试验是十分危险的，而有些产品根本无法或难以实施样机试验，如航天飞机、人造地球卫星等。因此，需要有一种设计方法和技术改变上述状况，仿真理论和技术正是为此应运而生的。仿真（Simulation）是指通过建立模拟系统来研究一个已存在或设计中的系统的设计方法。仿真的关键是建立根据实际系统而抽象出来的数学模型，即仿真模型。

仿真可分为两类，即物理仿真和计算机仿真。物理仿真是指在物理模型基础上进行的仿真。其特点是物理模型与实际系统之间具有相似的物理属性，所以物理仿真能观测到难以用数学来描述的系统特性，但要花费较大的代价。计算机仿真是指建立系统(或过程)的可以计算的数学模型，并据此编制成仿真程序输入计算机进行仿真试验，掌握实际系统(或过程)在各种内外因素变化的作用下其性能的变化规律。其特点是：以计算机为实验环境，依赖实际系统的抽象仿真模型；计算机仿真结果是实验解，而不是纯粹的数学解析或数值分析解；既能展示实际系统的静态模拟，又能直观展现系统的动态特性。与物理仿真相比，计算机仿真系统的通用性强，可作为各种不同物理本质的实际系统的模型，故其应用范围较广。

在产品的分析设计阶段，一般采用计算机仿真，设计的同时进行仿真和修改。进入研制阶段后，为提高仿真的可信度和实时性，将部分已试制成品(部件等)纳入仿真模型，此时，采用半物理仿真。到了系统研制阶段则采用全物理仿真。

计算机仿真是将实际系统抽象描述为数学模型，再转化成计算机求解的仿真模型，然后编制程序，上机运行，进行仿真实验并显示结果。计算机仿真设计的一般流程如图 5-2 所示。

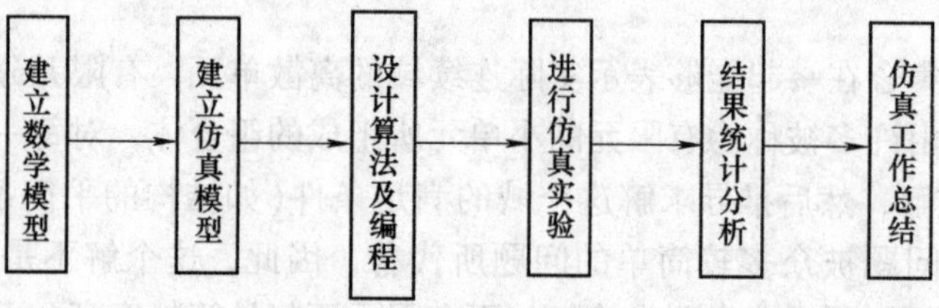

图 5-2 计算机仿真设计的一般流程

计算机仿真在 CAD/CAM 系统中的应用有产品形态仿真、装配关系仿真、运动学仿真、动力学仿真、零件工艺过程几何仿真、加工过程仿真和生产过程仿真等。

二、计算机辅助设计在现代模具设计中的应用

当今 CAD 技术的发展使得概念设计思想体现在相应的模块中。概念设计不再只是设计师的思维，系统模块也融合了一般的概念设计理念和方法。目前，世界上大型的 CAD/CAE 软件系统，如 Pro/E、UG、SolidWorks、Alias 等，都提供了有关产品早期设计的系统模块，我们称之为工业设计模块或概念设计模块。例如，Pro/E 就包含一个工业设计模块——Pro-Design，用于支持自上而下的投影设计，以及在复杂产品设计中所包含的许多复杂任务的自动设计。此模块工具包括概念设计的二维非参数化的装配布局编辑器。这些系统模块的应用大大减少了设计师的工作量，节约了工作时间，提高了工作效率，使设计师把更多的精力用在新产品的开发及创新上。

模具作为一种高附加值的技术密集型产品，它的技术水平已经成为衡量一个国家制造业水平的重要评价指标。早在 CAD/CAM 技术还处于发展的初期，CAD/CAM 就被模具制造业竞相吸收应用。目前国内的模具制造企业约有 20000 家，约 50% ~60% 的企业较好地应用了 CAD/CAE/CAM/PDM 技术。

1. 模具 CAD/CAM 技术的应用

模具生产在一般情况下属单件生产，传统的模具设计与制造方法多数采用的是手工方法，设计工作量大、周期长，制造精度低、生产效率低。采用模具 CAD/CAM 技术，用计算机代替了人的手工劳动，在速度快和准确性等方面都有较大提高。初期模具 CAD 与模具 CAM 是两个系统，两者的信息传递与传统模具生产一样都是图样。模具 CAD 从接受任务到绘制模具图，模具 CAM 则是从接受图样信息至完成模具制造。模具 CAD/CAM 技术则是在模具 CAD 和模具 CAM 基础上设计与制造的综合计算机化，是设计与制造的一体化。

1）模具 CAD/CAM 所包含的基本内容是计算机辅助某种类型模具的设计、计算、分析仿真和绘图，以及数控加工自动编程等的有机集成。模具 CAD 与模具 CAM 关系十分密切，在模具生产中没有明确的分界。一般模具 CAD/CAM 系统有以下基本功能：

① 具有三维图形处理及模具设计所必须的图形处理功能。

② 具有计算功能和数据处理功能。具有模具设计的技术计算、成本估算能力，具备设计数据检索、存储等基本数据处理功能。

③ 具有数控绘图功能。

④ 具有数控机床加工自动编程功能，具有制作数控纸带系统。用于模具三维、二维及孔的加工等。

2）在模具 CAD/CAM 系统中，产品的几何模型及加工工艺等方面的信息是产品的最基本的核心数据，是整个设计计算的依据。通过模具 CAD/CAM 系统的计算、分析和设计而得到大量信息，可运用数据库和网络技术将存储的信息直接传送到生产制造环节的各个方面，从而大大削弱了图样的作用。采用模具 CAD/CAM 技术，其作用突出表现在以下几个方面：

① 缩短了模具生产周期。计算机的应用，减少了很多繁重的手工劳动，缩短了产品设计周期。设计与制造的一体化，减少了中间环节的过渡时间，提高了生产效率，高效加工设备的使用也节省了模具的加工时间。生产周期的缩短更有利于产品的更新换代。

② 提高了模具设计水平。在模具 CAD 系统中积累了很多前人的经验，可进行工艺参数和模具结构的优化，又可以通过人机交互进行修改以发挥设计者的才智，还能利用计算机模拟增加设计的可靠性。

③ 提高了模具质量。一方面通过模具 CAD 保证模具设计的正确合理，另一方面模具制造的数据直接取自系统数据库，速度快，错误少。

④ 提高了模具标准化程度。模具 CAD/CAM 技术要求模具设计过程标准化、模具结构标准化、模具生产制造过程与工艺条件标准化。反过来模具的标准化又促进了模具 CAD/CAM 的发展。

模具 CAD/CAM 技术具有高智力、知识密集、更新速度快、综合性强、效益高等特点。目前我国很多中小型企业已经开始进行模具 CAD 等方面的开发工作，并引进了一些国外的 CAD/CAM 系统。但模具 CAD/CAM 系统的初期投入很大，这也是在我国模具 CAD 技术发展缓慢的主要原因之一。

2. 模具 CAD/CAE 技术的应用

应用 CAD 技术可以设计出产品的大体结构，再通过 CAE 技术进行结构分析、可行性评估和优化设计。采用模具 CAD/CAE 集成技术后，制件一般不需要再进行原型试验，采用几何造型技术，制件的形状能精确、逼真地显示在计算机屏幕上，有限元分析程序可以对其力学性能进行检测。借助于计算机，自动绘图代替了人工绘图，自动检索代替了手册查阅，快速分析代替了手工计算，使模具设计师能从繁琐的绘图和计算中解放出来，集中精力从事诸如方案构思和结构优化等创造性的工作。在模具投产之前，CAE 软件可以预测模具结构有关参数的正确性。例如，可以使用流动模拟软件来考察熔体在模膛内的流动过程，以此来改进浇注系统的结构设计，提高试模的一次成功率；可以用保压和冷却分析软件来考察熔体的凝固和模具温度的变化，以此来改进冷却系统，调整成形工艺参数，提高制件质量和生产效率；还可以使用应力分析软件来预测塑件出模后的变形和翘曲。模膛的几何数据能相互地转换为曲面的机床刀具加工轨迹，这样可省去木模或树脂模制作工序，提高型腔和型芯表面的加工精度和效率。当今的概念设计已不仅停留在对外观和结构的设计上，它已经扩展到对模具结构分析的领域。对于运用 CAD 技术设计出的模具，可运用先进的 CAE 软件(尤其是有限元软件)对其进行强度分析、刚度分析、抗冲击实验模拟、跌落实验模拟、散热能力、疲劳和蠕变等分析。通过这些分析，可以检验前面的概念性结构设计是否合理，分析出结构不合理的原因和部位，然后再在 CAD 软件中进行相应的修改。修改后再在 CAE 中进行各种性能的检测，最终确定满足要求的模具结构。

3. CAD/CAE/CAM 计算机辅助设计、模拟与制造一体化

CAD/CAE/CAM 一体化集成技术是现代模具制造中最先进、最合理的生产技术。使用计算机辅助设计、辅助工程与制造系统，按设计好的模具零件分别编制该零件的数控加工程序是从设计到制造的一个必然过程。在具有现代模具设计制造能力的工厂内，该过程都是在 CAD/CAE/CAM 系统内进行的，其加工程序直接由联机电缆输入加工机床，在编制程序时可利用系统中的加工模拟功能进行细致的模拟，将零件、刀具、刀柄、夹具、平台及刀具移动速度、路径等显示出来，以便观察整个模具零件的切削过程和前后的形状，进而检查程序编制的正确性，这对于复杂的多曲面的模具零件尤为重要。在模拟检查中，如果有需要调整的地方，如某处刀具过大，不能按设计要求切削出理想的圆角等，可以重新给出适当的刀具，或决定该处使用直径较小的刀具，多进行一次或多次切削加工。如果发现模拟的过程效益太低，则可重新修改走刀路径或加大粗切的刀具直径，以提高加工效率。总之，在 CAD/CAE/CAM 系统内编制和模拟加工程序可以充分了解发现的问题，从而在加工之前，将整套加工程序做好完善修改工作。这对于高效、准确地加工模具零件有着相当重要的意义。

第二节 反求工程

一、反求工程简介

传统工业产品的开发均是遵循序列严谨的开发流程，从产品的功能确定与规格的指标确定开始，构思产品的零组件需求，再由各元件的设计、制造、检验、零件分装、整机总装、性能测试等程序来完成。这种开发模式，被称为顺向工程(Forward Engineering，即 FE)，见图 5-3。

近十几年来，随着测量技术、计算机软硬件技术的发展，一种有别于传统顺向工程的新技术正在蓬勃发展，这种技术在东南亚工业界已广泛应用，它就是反求工程(Reverse Engineering，即 RE)。

1. 反求工程技术定义

反求工程，也称为逆向工程，它是根据已存在的产品或零件原型构造产品或零件的工程设计模型，在此基础上对已有产品进行剖析、理解和改进，利用各种数字化技术重新构造零

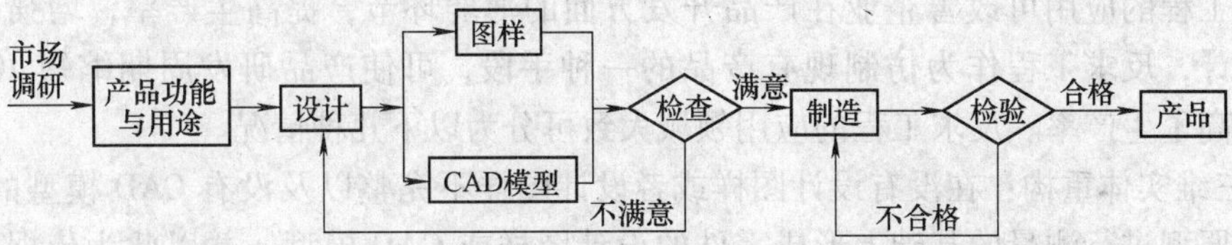

图 5-3 顺向工程的设计流程

件三维 CAD 数学模型的过程，包括目标产品原型数字化和三维 CAD 模型重建两个主要阶段。反求工程的设计流程见图 5-4。反求工程的主要任务是将原始物理模型转化为工程设计概念或产品数字化模型。一方面为提高工程设计、加工分析的质量和效率提供充足的信息，另一方面为充分利用 CAD/CAE/CAM 技术对已有的产品进行设计服务。

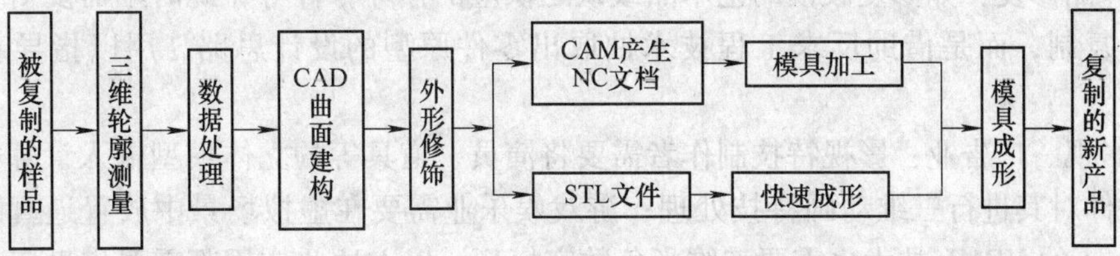

图 5-4 反求工程的设计流程

为适应现代先进制造技术的发展，需将实物样件或手工模型转化为 CAD 数据，以便利用快速成形系统、计算机辅助系统等对其进行处理，并进行修改和优化设计。反求工程专门为制造业提供了一个全新、高效的重构手段，实现从实际物体到几何建模的直接转换。反求工程技术涉及计算机图形学、计算机图像处理、微分几何、概率统计等学科。

2. 反求工程分类

从广义讲，反求工程可分以下三类：

(1) 实物反求　顾名思义，它是在已有实物的条件下，通过试验、测绘和分析，提出再创造的关键。其中包括功能反求，性能反求，方案、结构、材质、精度、使用规范等多方面的反求。实物反求对象可以是整机、部件、组件和零件。

(2) 软件反求　产品样本、技术文件、设计书、使用说明书、图样、有关规范和标准、管理规范和质量保证手册等均称为技术软件。软件反求中有三类情况：其一是既有实物，又有全套技术软件；其二是有实物而无技术软件；其三是无实物，仅有全套或部分技术软件。

(3) 影像反求　无实物，无技术软件，仅有产品相片、图片、广告介绍、参观印象和影视画面等，要从其中去构思、想象来反求，称为影像反求，这是反求对象中难度最大的。影像反求本身就是创新过程。目前还未形成成熟的技术。一般要利用透视变换和透视投影，形成不同透视图，从外形、尺寸、比例和专业知识，去琢磨其功能和性能，进而分析其内部可能的结构。

3. 反求工程的应用领域

反求工程一般用于仿制过程。传统机械的仿制技术，一般是采用靠模铣床，在仿制工程中只能作等比例的复制。采用数控仿型铣床后，虽然可以进行 X、Y、Z 三个方向上的不同比例的缩放，但是无法任意修改产品的尺寸，也就是无法在原基础上进行改型。反求工程能够很好地解决这个问题。

反求工程的应用可改善企业在产品开发方面的薄弱环节，提高生产率，增强市场竞争力。据统计，反求工程作为仿制现有产品的一种手段，可使产品研发周期缩短40%以上，极大地提高了生产率。反求工程的应用领域大致可分为以下几种情况。

1）三维实体重构：在没有设计图样或者设计图样不完整以及没有CAD模型的情况下，在对零件原型进行测量的基础上形成零件的设计图样或CAD模型，并以此为依据生成数控加工的NC代码，加工复制出一个相同的零件。

2）产品定型：当要设计需通过实验测试才能定型的工件时，通常采用反求工程的方法。比如航空航天领域，为了满足产品对空气动力学等的要求，首先要在初始设计模型的基础上经过各种性能测试(如风洞实验等)建立符合要求的产品模型，这类零件一般具有复杂的自由曲面外形，最终的实验模型将成为设计这类零件及反求其模具的依据。

3）产品修复：如修复破损的艺术品或缺乏供应的损坏零件等，此时不需要对整个零件原型进行复制，而是借助反求工程技术抽取出零件原型的设计思路，用以指导新产品的设计。

4）影视、广告业：影视特技制作者需要将演员、道具等的立体模型输入计算机，才能用动画软件对其进行三维动画特技处理；游戏娱乐业需要在虚拟场景中放置逼真的三维模型；Internet的VRML技术也需要三维彩色数字模型。以上这些应用都需要借助于反求工程技术。

4. 反求工程中的数据采集技术

数据采集技术是反求工程的关键技术，根据测量探头是否和零件表面接触，可将其测量方式可分为两大类：接触式测量与非接触式测量。

(1) 接触式测量　接触式测量是指采用硬质探针或其他探头在物体表面接触而获得表面数据的一种测量数据的方式。根据测头的不同，可分为触发式和连续式。应用最为广泛的坐标测量机(Coordinate Measuring Machine，即CMM)，它是20世纪90年代发展起来的新型高效精密测量仪器，是有很强柔性的大型测量设备。

(2) 非接触式测量　非接触式测量是指以激光、超声波、红外线等媒介代替探针，甚至利用计算机视觉技术直接根据物体的图像来恢复产品三维信息的一种测量方式。非接触式测量根据测量原理的不同，可分为三角形法、结构光法、计算机视觉法、激光干涉法、激光衍射法、CT测量法、MRI测量法、超声波法和层析法等。

5. 反求工程技术的常用软件

目前，比较著名的国外反求工程软件如下：

1）Geomagic(美国Rain Drop公司开发)反求工程软件，具有丰富的数据处理手段，可以根据测量数据快速构造出多张连续的曲面模型。

2）Image Ware作为UGNX中提供的反求工程造型软件，它具有强大的测量数据处理、曲面造型、误差检测功能。可以处理几万至几百万的点云数据。根据这些点云数据构造的A级曲面(CLASS A)具有良好的品质和曲面连续性。Image Ware的模型检测功能可以方便、直观地显示所构造的曲面模型与实际测量数据之间的误差以及平面度、真圆度等几何公差。

3）Copy CAD(英国DELCAM公司系列产品)，主要处理测量数据的曲面造型。DELCAM的产品涵盖了从设计到制造、检测的全过程，包括Power—SHAPE、Power MILL、Power INSPECT、Art CAM、Copy CAD、PS—TEAM等诸多软件产品。Copy CAD系列中的其他软件可以很好地集成。

4）Rapid Form（韩国 INUS 公司开发）反求工程软件，主要用于处理测量、扫描数据的曲面建模以及基于 CT 数据的医疗图像建模，还可完成艺术品的测景建模以及高级图形的生成。Rapid Form 提供一整套模型分割、曲面生成、曲面检测的工具，用户可以方便地利用以前构造的曲线网格经过缩放处理后应用到新的模型重构过程中。

由国内反求工程领域专业人士参与开发的反求工程软件 Quick Form 是国产软件中较好的一个。该系统采用先进的几何引擎，运行稳定性好，并有良好的可操作性。由于开发人员具有丰富的反求工程实施经验，因此系统的功能设置、操作方式符合国内用户的习惯，这是国外软件所无法具备的。

二、反求工程在模具制造中的应用

1. 反求工程在车身模具开发中的应用

车身反求工程开发的基本思路是：经过广泛选择与对比分析，确定世界上最新推出的产品，且这种产品已获得用户的广泛认同，以此车型作为要研究的模型样车。一般来说，技术先进的汽车公司，每推出新一代产品，都蕴涵着该公司多年研究的最新技术成果，例如日本载货汽车车身每 5 ~ 8 年换代一次，每次产品换型都是一次技术飞跃。各公司都有各自的技术成果或是技术机密，这些技术成果不会以任何技术方式向外公布或传播。但通过对其新产品的分析与研究，不仅能消化、吸收这些技术机密，还可以推出不低于模型样车水平的新产品，这样既弥补了全新车身产品开发经验、开发验证手段与方法不足的缺点，又可以开发出高水平的产品。车身反求开发的流程如图 5-5 所示。

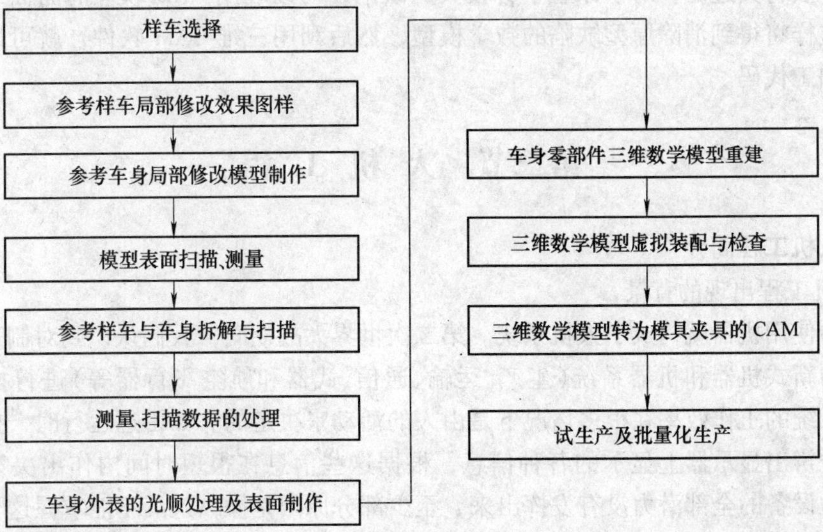

图 5-5　车身反求开发的流程

在车身逆向工程开发中，由于选择了其他汽车公司的最新产品作为目标参考样车，将以此车身的基本架构作为不变的对象，但由于外观知识产权的问题，以及本土化消费者欣赏观点不同，不能直接沿袭参考样车，有必要对参考样车作局部的造型调整与修改，这些工作与全新车身开发相比工作量要小得多，风险也小得多。

2. 基于数控仿型的反求工程应用系统

对于精度要求较高的模具制造，建立一套完整的反求工程，通常要有下列配置：

1）测量头。可以是接触式或非接触式。

2）测量平台。大多为三坐标测量机、多轴专用测量机等。

3）反求工程软件。应具有消除测量噪声，可以进行曲线编辑、曲面生成、曲面编辑等功能。

4）生成加工轨迹和 NC 代码。利用 CAM 软件生成加工轨迹和 NC 代码。

5）成型设备。快速原型成型设备(Rapid Prototyping)，如激光成型机。

6）数控机床。如数控铣床或数控加工中心等。

数控仿形的反求工程应用系统可以保证制造精度，优化制造工艺，充分发挥已有设备的潜能，降低制造成本，提高制造速度。基于数控仿形的反求工程应用系统流程结构采用环行结构，见图 5-6。

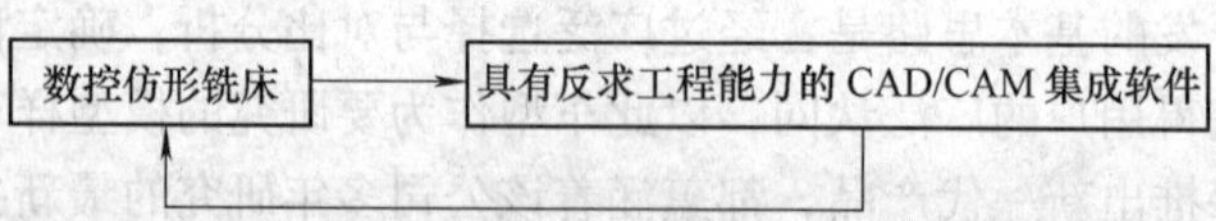

图 5-6　基于数控仿形的反求工程应用系统流程结构简图

基于数控仿形的反求工程应用系统的基本原理是：利用数控仿形铣的仿型头，将原型实物的三维数据转变为可以进行加工的数控代码，将这些数控代码导出，在计算机内处理为加工轨迹，再将这些轨迹转变为样条曲线，再转为 NURBS 曲面。对于测量噪声，可以采用曲面优化的方法将其过滤。对于原型本身较大的缺陷，可以利用 CAD 软件的曲面编辑功能进行修整，这样将得到消除原型缺陷的数学模型，然后利用三维 CAM 软件，就可以编制所需要的数控加工代码。

第三节　人 机 工 程

一、人机工程简介

1. 人机工程出现的背景

人开始使用机器就构成了人机系统。第二次世界大战期间，人们认识到对制造出来的各种高效能的新式机器和机器系统(生产、运输、通信、武器和航空飞行器等)进行操纵和控制时，整体系统的工作效率在很多情况下是由人的活动来决定的。如雷达运行时，要求操纵人员接收和分辨出显示器上显示的各种信息，根据这些信息在很短时间内作出决策和进行操作。若雷达设备的全部潜力没有发挥出来，至少部分原因是操纵人员不能掌握这个电子设备的复杂操作。

经验和教训提醒人们，有时飞机飞错方向坠毁，炸弹误中友船，就是因为设计时没有考虑人的各种长处和短处。电子计算机发展的初期，计算机运算速度很快，输入数据、编制程序和打印结果很慢，机器经常处于空闲状态，也是因为没有考虑和研究人机接口系统和人机功能分配等因素引起的。

人的能力和机器的能力若能够很好地配合，便能提高管理和控制的效率。随着机械化、自动化和电子化的高度发展，人的因素在生产中的影响越来越大，人机协调问题也就显得越来越重要，人机工程学就是在这样的背景下创立和发展起来的。

人机工程作为一门新兴的边缘科学，应用非常广泛。人机工程的应用领域有通信（如电话、电传等设备的设计）、计算机控制台、数据处理系统、汽车、航空、航海、医疗、环境保护、教育等，人机工程甚至可用于大规模的社会系统中。

2. 人机工程的定义及其体系结构

国际人机工程学会（International Ergonomics Association）对“人机工程”有如下定义：人机工程是研究人在某种工作环境中的解剖学、生理学和心理学等方面的各种因素，研究人和机器及环境的相互作用，研究在工作中、家庭生活中和休假时怎样统一考虑工作效率、人的健康、安全和舒适等问题的学科。

人机工程学，在美国被称为人类工程学（Human Engineering）、人因工程学（Human Factors Engineering），在欧洲有人称之为“Ergonomics”、生物工艺学、工程心理学、应用实验心理学以及人体状态学等。日本称之为“人间工学”，我国目前除使用上述名称外，还有译成工效学、宜人学、人体工程学、人机学、运行工程学、机构设备利用学、人机控制学等。

人机工程学的命名体现了该学科是人体科学与工程技术的结合。实际上，这一学科就是人体科学、环境科学不断向工程科学渗透和交叉的产物，它是以人体科学中的人类学、生物学、心理学、卫生学、解剖学、生物力学、人体测量学等为“一肢”，以环境科学中的环境保护学、环境医学、环境卫生学、环境心理学、环境监测技术等学科为“另一肢”，而以技术科学中的工业设计、工业经济、系统工程、交通工程、企业管理等学科为“躯干”，形象地构成了本学科的体系。人机工程体系结构见图 5-7，从人机工程学的构成体系来看它是一门综合性的边缘学科，其研究的领域有多方面，可以说与国民经济的各个部门都有密切的关系。

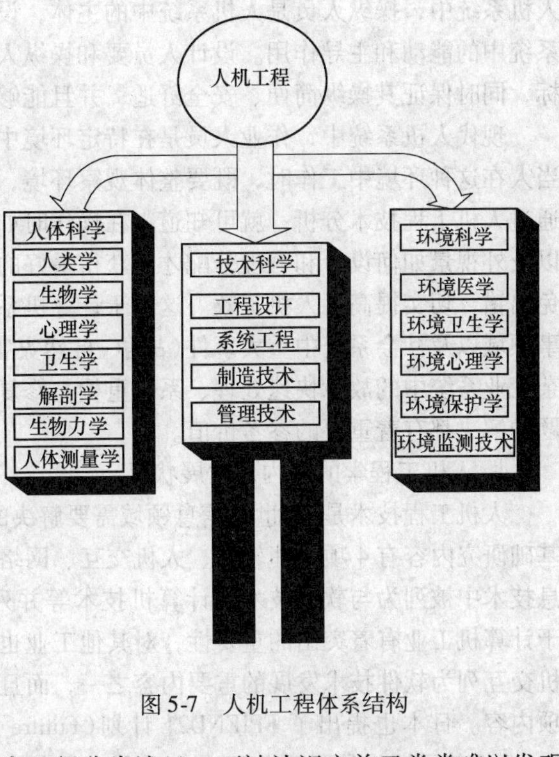

图 5-7 人机工程体系结构

3. 人机工程学的意义

人机工程学的基本研究对象是人的工作，有趣的是，其许多原理在被认识之后常常显得非常浅显，而被认识之前又常常难以发现或者易于忽视。最典型的例子就是青少年的学习姿势和近视眼问题。为了防止青少年写字时出现驼背和近视眼，人们曾设计出各种姿势纠正器具，就是让桌面具有适当的斜度，座椅具有所谓瀑布形的前缘，来限制弓腰，使学生写字时保持直坐姿势。学生的此种姿势的自然形成，是以相应的桌椅设计为诱导和支持的。这就是在设计桌椅这类产品的时候，考虑到了人机因素。

操作计算机的姿势也是如此，操作员常常是手臂向前悬空着来操作键盘和鼠标的。手臂的悬空形成了肩部、颈部的静态疲劳，使得操作员背部后靠在椅子靠背上作业不太方便（后靠姿势会加大悬空的手臂的前伸程度，从而增大肩部所需的平衡力矩，加快肩颈部的疲劳），而当操作员脱离靠背又使手臂悬空时，体重主要由脊柱来承担，其结果是腰背的疲劳酸痛，或者是腰肌放弃维持直坐姿势而塌腰驼背，还可能是把手腕抵在桌沿上而引发腕管综合症。这就使得计算机操作员的作业姿势，大都不是打字教科书中推荐的正确姿势。这里问题的关键和前面类似，即如果书本推荐的正确姿势没有设计适当的桌椅的支持，就会是一种费力的姿势，而各种错误的姿势由于其省力而易于维持，便会成为人们事实上的作业姿势。

再举一个人体测量学的例子。在一些大客车座椅或老板椅的靠背上部，都有一道鼓起来的凸包。对于大多数中国人来说，这个凸包常常是顶在后脑勺，使得当身体后靠在椅背时，不得不稍稍低头。从设计上来说，这个凸包本来是用来垫靠颈部的凹处，使人的头颈更舒服的。问题是由于这些座椅的设计和生产直接从国外引进，而生产者不具备有关的常识，尺寸上完全照搬，同时由于中国人的身材较西方人小，结果西方人垫颈的凸包就顶住了中国乘客的后脑勺。

由以上人机工程设计方面的例子来看，人机系统要反复试验和使用才能逐渐趋于完善。人机系统中，操纵人员是人机系统中的主体，设计和运用人机系统时应当充分发挥人在人机系统中的能动和主导作用。设计人员要和操纵人员密切配合，使人机系统达到要求的性能指标，同时保证其操纵简便、安全舒适，并且能够提高系统工作效率。

现代人机系统中，作业人员是在特定环境中操作和管理复杂系统和各种数字化设备的，当人在这种环境中工作时，既要整体观察环境，又要靠细致的注视来完成精确的控制动作，通过人机工程技术分析，就可知道人在操作时如何分配注意力、体力，同时了解仪表、屏幕以及外视景如何设计和合理分配才能获得最好的人机交互，既减轻操作人员的工作负荷又避免出错，切实提高了人机工效。这对于计算机系统、自动化控制、交通运输、工业设计、军事领域以及社会系统中重大事件（战争、自然灾害、金融危机等）的应急指挥和组织系统、复杂工业系统中的故障快速处理、系统重构与修复、复杂环境中仿人机器人的设计与制造等问题的解决都有着重要的参考价值。

4. 人机工程学的国内外发展状况

人机工程技术是21世纪信息领域需要解决的重大课题。美国21世纪信息技术计划中的基础研究内容有4项，即软件、人机交互、网络、高性能计算机。其中，人机建模研究在信息技术中被列为与软件技术和计算机技术等并列的六项国家关键技术之一，并被认为“对于计算机工业有着突出的重要性，对其他工业也很重要”。美国国防关键技术计划不仅把人机交互列为软件技术发展的重要内容之一，而且还专门增加了与软件技术并列的人机界面这项内容。日本也提出了FPIEND21计划（Future Personalized Information Environment Development），其目标就是要开发21世纪个性化的信息环境。我国“973计划”、“863计划”、“十五计划”及“十一五计划”均将人机交互列为主要内容。

在我国，人机工程学的研究从20世纪30年代开始就有少量和零星的开展，但系统和深入的开展则是在20世纪70年代后期。1980年4月，国家标准局成立了全国人类工效学标准化技术委员会，统一规划、研究和审议全国有关人类工效学的基础标准的制订。1984年，国防科学技术工业委员会成立了国家军用人-机-环系统工程标准化技术委员会。这两个技术委员会的建立，有力地推动了我国人机工程学研究的发展。此后在1989年又成立了中国人类工效学学会，在1995年9月创办了学会会刊——《人类工效学》。20世纪90年代初，北京航空航天大学首先成立了我国该专业的第一个博士学科点，随后南京航空航天大学、西北工业大学、北京理工大学、北京大学医学部等大学也先后成立了相应的专业。当前，随着我国科技和经济的发展，人们对工作条件、生活品质等的要求不断提高，对产品的人机工程特性也日益重视。一些厂商把“以人为本”、“人体工学”的设计作为产品的卖点，也正是出于对这种新需求取向的意识。

二、人机工程在模具制造中的应用

1. 人机工程的应用领域

1）事故、健康与安全：包括事故与安全、事故调查、事故改造、健康与安全、健康人机工程、危险分析、健康与安全课题、健康与安全规则的应用、工业工作压力、机器防护、安全文化与安全管理、安全文化评价与改进、警示与提醒技术、安全概率分析。

2）人体工作行为解剖学和人体测量：包括解剖学、人体测量、人体工作空间设计、生物力学、残疾人设计、姿势和生物力学负荷研究、工作中的滑倒、差错研究、背部疼痛、听觉障碍研究。

3）认知工效学和复杂任务：包括认知技能和决策研究、法律人机工程、团队工作、过程研究。

4）计算机软件人机工程：包括软件设计、软件发展、软件人机工程、执行和可用性。

5）计算机终端：包括计算机产品和外设的设计与布局、计算机终端工作站、显示屏设备与规则、显示屏健康与安全、办公环境人机工程研究。

6）显示与控制布局设计：包括显示与控制信息的选择与设计。

7）控制室设计：包括控制台和控制室的布局设计、控制室人机工程。

8）环境人机工程：包括环境状况和因素分析、噪声测量、工作中的听力损失、热环境、可视性与照明、工作环境人机工程、振动。

9）专家论证、多工作环境：包括专家论证调查研究、法律人机工程、工作赔偿申诉、伤害诉讼、伤害原因、诉讼支持。

10）人机界面设计与评价：包括人机界面的设计与发展、知识系统、人机界面形式、HCI/MMI 原型、GUI 原型。

11）人的可靠性：包括人的失误和可靠性研究、人的失误分析、人因审查、人因整合、人的可靠性评价。

12）工业设计应用：包括信息设计、市场/用户研究、医疗设备、座椅的设计与舒适性研究、座椅设计与分类、家具分类与选择。

13）工业/商业工作空间设计：包括工业工作空间设计、工业人机工程、工作设计与组织、人体测量学与工作空间设计、工作空间设计与工作站设计、警告、标签与说明、工作负荷分析。

14）管理与人机工程：包括变化管理、成本-利益分析、突发事故应变研究、人机战略实施、操作效能、操作负荷分析、标准化研究、人力资源管理、工作程序、人机规则和实践。

15）手工操作负荷、安全与培训：包括手工操作评价与培训、手工操作与举例、手工操作负荷。

16）办公室人机工程与设计：包括办公自动化、办公室和办公设备设计、办公室设计人机工程。

17）生理学方面和医学人机工程：包括生理学、生理能力、医学人机工程、医学设备、心理生理学、行为期望、行为标准。

18）产品设计与顾客：包括人机工程销售与市场、产品设计与测试、产品中人机工程、产品发展、产品可靠性与安全性、产品缺陷、产品材质、服装人机工程。

19）风险评估：包括风险与成本-利益分析、风险评估与风险管理、风险预测、总体骨骼与肌肉风险研究。

20）社会技术系统与人机工程：包括组织行为、组织变化、组织心理学、人机工程战略、社会技术系统、暴力评估与动机。

21）系统分析：包括系统分析与设计、系统整合、系统需求、电信系统与产品、人机系统、人员配备研究、三维人体模型、实验设计、系统设计标准与类别、通信分析。

22）任务分析：包括任务分析与工作设计、任务分析与综合、团队协作。

23）管理培训与人员培训：包括人机工程培训、整体培训、认知技能/决策分析、工程师培训、STUDIO 中的训练、训练模型、培训需求分析。

24）可用性评估：包括可用性评估与测试、可用性审核、可用性评估、可用性培训、试验与验证、仿真与试验、仿真研究、仿真与原型。

25）用户需求与用户指导：包括用户文档、用户指导、用户手册与说明、用户界面设计与原型、用户需求分析与类别、用户实验管理。

26）车辆与交通人机工程：包括航空人机工程、头盔显示、乘客环境、铁路车辆与系统、交通设计、车辆设计、车辆人机工程、车辆安全性。

27）其他特殊的人机工程应用：包括原子能、军队人机工程、过程控制、文化调查、调查与研究方法、自动语音识别。

2. 人机工程学与工业设计

人机工程学的研究内容及其对设计学科的作用可以概括如下：

1）为工业设计中考虑人的因素提供人体尺度参数。应用人体测量学、人体力学、生理学、心理学等学科的研究方法，对人体结构特征和机能特征进行研究，提供人体各部分的尺寸、体重、体表面积、密度、重心以及人体各部分在活动时的相互关系和可及范围等人体结构特征参数。提供人体各部分的发力范围、活动范围、动作速度、频率、重心变化以及动作时惯性等动态参数。分析人的视觉、听觉、触觉、嗅觉以及肢体感觉器官的机能特征，分析人在劳动时的生理变化、能量消耗、疲劳程度以及对各种劳动负荷的适应能力，探讨人在工作中影响心理状态的因素，及心理因素对工作效率的影响等。人体工程学的研究，为工业设计全面考虑“人的因素”提供了人体结构尺度、人体生理尺度和人的心理尺度等数据，这些数据可有效地运用到工业设计中去。

2）为工业设计中产品的功能合理性提供科学依据。现代工业设计中，如进行纯物质功能的创作活动，而不考虑人机工程学的需求，那将是创作活动的失败。因此，如何解决产品与人相关的各种功能的最优化，创造出与人的生理和心理机能相协调的产品，这将是当今工业设计中，在功能问题上的新课题。人体工程学的原理和规律将是设计师在设计前考虑的问题。

3）为工业设计中考虑环境因素提供设计准则。通过研究人体对环境中各种物理因素的反应和适应能力，分析声、光、热、振动、尘埃和有毒气体等环境因素对人体的生理、心理以及工作效率的影响程序，确定了人在生产和生活活动中所处的各种环境的舒适范围和安全限度，从保证人体的健康、安全、舒适和高效出发，为工业设计方法中考虑环境因素提供了设计方法和设计准则。

以上几点充分体现了人机工程学为工业设计开拓了新的设计思路，并提供了独特的设计方法和理论依据。社会发展，技术进步，产品更新，生活节奏加快，这一切必然导致产品质量观的变化。人们将会更加重视方便、舒适、可靠、价值、安全、效率等方面的评价，人机工程学等边缘学科的发展和应用，也必将带动工业设计的水准提到人们所追求的新的高度。

3. 人机工程学与机械设计

人机工程学是研究人的特性及工作条件与机器相匹配的科学。它把人和机器视为一个有机结合的系统，指出机器应该具有什么样的条件才能使人付出适宜的代价后可获得整个系统的最佳效益。

在人机系统中，人是系统的主体，机器是人创造出来的，机器当然应该适应人的特点。如操作空间应与人体外形测量尺寸相适应，操作机构应与人的形体和最佳用力范围相适应，指示仪表及信号应适合人的视觉、听觉和触觉的常规要求等。机器的自动化和智能化使其操纵的复杂程度提高，对操作者提出了严格要求，操作者的人体功能限制也对机器设计提出了特殊要求。人机结合的原则改变了传统的只考虑机械性能的设计思想，提出了同时考虑人与机器两方面因素以获取最佳技术经济效果的设计思想。

纵观人类机械设计史可知，造成产品与人体能力之间不甚协调的基本原因有两个：一是在作产品设计时，对人机协调性不够重视，没有将人的因素放在首位，而是强调人体如何去适应产品，由于人的能力是有限的，对产品的适应性也是有限的，所以就不可能达到期望的人机协调性；其二是人类对自身生理特点的认识在逐步深化，认识肤浅时则不能提出作为产品设计的约束条件。随着科学技术的发展，人们从正反两方面的经验教训中认识到人机系统协调关系的重要性，并使研究工作得以强化。

人机系统是在特定环境中进行工作的。环境对人机系统的工作效能有很大影响；人机系统对环境也有具体要求。特别是作为系统主体的人，对工作环境的要求更为苛刻。为了保持系统的高效率、可靠性和持久性，单从不伤害人体的角度来创制环境是不够的，还必须考虑操作者工作的舒适性，以及温度、湿度、灯光等因素都会对人操作的影响。高温使人的注意力涣散，动作标准性下降，协调能力减弱。据研究，夏季时 18 ~ 24℃，冬季时 17 ~ 24℃，在这种条件下，人们的工作效率高、质量好。美化工作环境包括照明、色彩、音响以及劳动服装设计、工作机具造型等多方面内容。国外的研究表明，在其他条件不变的情况下，有的工厂仅对门窗做些改进和美化，使自然光线更加合适，就能提高劳动生产率 5%~15%；改进机器上的照明设备使之亮度适当，造型美观，可提高劳动生产率 10%~30%；在机器、工具上涂上适当色彩，可提高劳动生产率 2%~4%。

人机界面是人与机器之间传递和交换信息的媒介和方式。人机界面是计算机科学与心理学、设计艺术学、认知科学和人机工程学的交叉研究领域。近年来，随着信息技术与计算机技术的迅速发展，网络技术的突飞猛进，人机界面的设计和开发已成为国际计算机界和设计界最为活跃的研究方向之一。

第四节　并 行 工 程

一、并行工程简介

1. 并行工程出现的背景

传统的产品开发模式为功能部门制，在这种开发模式下信息的共享存在障碍。这种开发模式采用串行的流程，即产品开发的各环节为顺序形式：市场调研→产品计划→产品设计→样机试制→修改设计→工艺制订→正式投产，在设计早期往往不能全面考虑到产品生命周期中的各种因素。产品设计多以基于图样的手工设计为主，设计表达存在歧义性，由于缺少先进的计算机平台，便不能支持协同化产品开发。随着全球化大市场的形成，市场环境要求企业必须改变经营策略，即提高产品开发能力、增强市场开拓能力，但传统的产品开发模式已不能满足激烈的市场竞争的要求，为了解决这类矛盾便出现了并行工程的思想。针对传统的串行产品开发过程，在 20 世纪 80 年代末期，出现了并行工程(Concurrent Engineering，即 CE)，也称为并行设计。

2. 并行工程的定义和相关概念

1988 年，美国防御分析研究所以武器生产为背景，对传统的生产模式进行了分析，系统化地提出了并行工程的概念，即并行工程是集成地、并行地设计产品及其相关过程(包括制造过程和支持过程)的系统方法。这种方法要求产品开发人员在一开始就要考虑产品整个生命周期中从概念形成到产品报废的所有因素，包括质量、成本、进度计划和用户要求。如图 5-8 所示。并行工程的目标是为提高质量、降低成本、缩短产品开发周期和产品上市时间。并行工程主要通过以下方法实现上述目标：

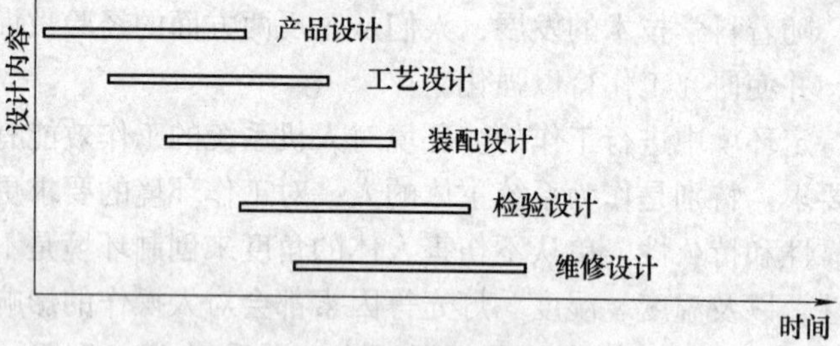

图 5-8　并行工程示意图

(1) 设计质量的改进　使早期生产中工程变更次数减少 50% 以上。

(2) 产品设计及其相关过程并行　使产品开发周期缩短 40%~60%。

(3) 产品设计及其制造过程一体化　使制造成本降低 30%~40%。

并行工程是一种工程方法论。它站在产品设计、制造全过程的高度，打破传统的组织结构中部门分割、封闭的观念，强调参与者协同工作的效应，重构产品开发过程并运用先进的设计方法学，在开发设计产品的同时，同步设计产品生命周期内的有关过程，力求使产品开发人员在设计阶段就考虑到整个生命周期的所有因素，如设计、分析、制造、装配、检验、维护、可靠性和成本等，以提高产品设计、制造的一次成功率，从而大大缩短产品开发周期、降低成本，增强企业的竞争能力。

并行工程打破了原来的部门分割、流程中断、消极等待的状况，把分阶段顺序进行的过程变为并行进行的过程，使产品开发不再是产品设计一个部门的工作，而是所有对产品开发具有重要影响的部门都参与的集体工作。

并行工程的具体做法是在产品开发初期就组织多学科产品开发协同工作的专案组，改进产品开发流程，使有关人员从一开始就获得对新产品需求的要求和资讯，积极研究涉及本部门的工作业务，并将所需要求提供给设计人员，使许多问题在开发早期就得到解决，从而保证了设计的质量，避免了大量的返工浪费。

实现并行工程的技术手段是利用产品模型，在计算机上进行仿真，产生软样品。通过各种专业人员对软样品的分析、评估来改进设计。并行工程的另一个对传统设计方法的改革是反求工程。它从市场调研开始，充分了解顾客的要求和爱好，并分析解剖其他工厂产品的结构性能，找出设计开发的突破点。它还要求征求生产线上工人的意见，了解问题，然后才开始设计。

并行工程的核心问题是产品开发过程中的管理与技术的集成，即集成产品开发团队以改进的流程为核心，通过应用数字化产品模型定义、DFA、DFM、QFD、PDM 等，在产品开发早期综合考虑产品生命周期中的各种因素，力争从设计到制造的一次成功。

并行工程成功实施的最关键因素是企业领导的高度重视，积极参与。包括要求集成产品开发团队对所设计对象负责，在人、财、物上予以支持，投资建立协同工作环境必要的支持工具等。

3. 并行工程的发展历程

并行工程是一种集企业组织、管理和运行为一体的先进设计、制造模式，是采用多学科团队和并行过程的集成化产品开发模式。它把传统的制造技术与计算机技术、系统工程技术和自动化技术相结合，在产品开发的早期阶段全面考虑产品生命周期中的各种因素，力争使产品开发能够一次获得成功，从而缩短产品开发周期、提高产品质量、降低产品成本。自 20 世纪 80 年代提出并行工程以来，美国和日本等发达国家均给予了高度重视，成立研究中心，并实施了一系列以并行工程为核心的政府支持计划。很多大公司，如麦道、波音、西门子、IBM 等也开始了并行工程的尝试，并取得了良好效果。并行工程的发展历程如下：

1988 年，美国防御分析研究所首次提出了并行工程的概念。特别是美国国防部高级房屋研究项目局于 1988 年 7 月在西弗吉尼亚大学投资 4 ~ 5 亿美元组建 CERC，致力于设计、开发和推广 CE 使用技术，以提高产品的开发能力。

1986 年至 1992 年，是并行工程的研究与初步尝试的阶段。美国的 DARPA/DICE 计划、欧洲的 ESPRIT II&III 计划、日本的 IMS 计划等都进行了并行工程的研究。

1995 年至今是新的发展阶段。在这一阶段里，并行工程从理论向实用化方向发展并取得了明显的成效。此时的并行工程作为一种理论，其新技术不断更新。如网络上的异地协同设计，虚拟现实技术在设计中的应用，新的设计方法学等。

进入 20 世纪 90 年代，并行工程引起我国学术界的高度重视，成为我国制造业和自动化领域的研究热点。一些研究院所和高等院校均开始进行一些有针对性的研究工作。1995 年并行工程正式作为关键技术列入 863/CIMS 研究计划，有关工业部门设立小型项目资助并行工程技术的预研工作。1998 年至今，“并行工程”已有显著的成果并进行进一步深入的研究，应用于航天等领域。国内部分企业也开始运用并行工程的思想和方法来缩短产品开发周期、增强竞争能力。

并行工程已从理论向实用化方向发展，越来越多的国际知名企业（涉及航空、航天、汽车、电子、机械等）通过实施并行工程取得了显著的效益。我国制造业在市场经济的大环境下要想获得进入世界竞争的机会，必须增强自身的产品开发能力，并行工程是一个非常重要的选择。利用并行工程将对提高我国企业新产品的开发能力、增强其竞争力具有深远的意义。

4. 并行工程的关键支持技术

并行工程是集成地、并行地设计产品及相关过程的系统化方法，它要求产品开发人员从设计一开始即考虑产品生命周期中的各种因素。其关键技术包括：

1）并行产品开发过程建模、仿真与优化。

2）并行工程的集成产品开发团队（Integrated Product Team，即 IPT）。

3）并行工程协同工作环境。

4）数字化产品建模与 CAX/DFX 数字化工具：CAX 是 CAD、CAPP、CAM、CAE 等计算机辅助技术的统称，DFX 是设计面向制造（DFM）、装配（DFZ）、测试（DFT）、成本（DFC）、质量（DFQ）等技术的统称。

二、并行工程在模具开发中的应用

1. 模具开发并行工程的组织结构

模具开发过程可大致分为合同签订、模具设计（包括工艺设计和程序设计）、材料供应、模具加工、模具装配和成本核算等方面。这些过程并不是独立的，它们之间存在着相互依赖和相互制约的关系，要求在设计的早期阶段就充分考虑到后续环节各相关因素的影响。如果不考虑这些约束关系，就会造成大量的设计返工，不但造成人力、物力资源的浪费，而且延长了模具生产周期，成本大大提高，质量难以控制，从而导致企业失去信誉和竞争力。因此，必须组建包括模具销售、模具设计、工艺设计、数控编程、模具加工、模具装配、模具装配以及质量检查等专门人员和用户代表等方面在内的模具开发并行工程工作小组（Teamwork），协同工作，从而尽可能集中各方面的知识资源，取长补短，以获取最优的设计方案，减少设计返工，提高设计质量。图 5-9 所示为模具开发并行工程的组织结构。

2. 模具开发并行工程的实施

从模具开发并行工程的组织结构中可以看出，模具开发并行工程的实施难点在于工作小组的协同工作。从开始承接模具开发任务时起，并行工程开发模式强调工作小组各成员应时刻明白自己的职责和任务，协同工作，共同对承接的模具开发任务负责。但是，模具行业与其他行业比较而言，标准化、规范化是比较欠缺的。模具行业从设计、制造到调试的从业人员，大多是按照自己的经验进行工作的，这意味着许多工作的开展有很大的随意性。由于缺乏相关的标准化技术文件，开展协同工作的难度较大，有时甚至很难执行下去。当然随着时间的推移，工作小组成员逐渐会很好的协作。但是对行业高新技术应用规范进行整理、标准化也是亟待进行的工作。

3. 模具开发并行工程系统框架

实施模具开发并行工程必须要有相应的支持环境。模具开发过程中，以产品数据管理系统为集成平台，在数据库管理系统、知识库管理系统和计算机网络系统的支持下，利用 CAX 等工具和各种相关的模具设计与制造知识，采用基于特征的集成产品信息模型，实现模具开发各相关环节内部及相互之间的信息共享，建立并行工程支持环境，可最终达到缩短

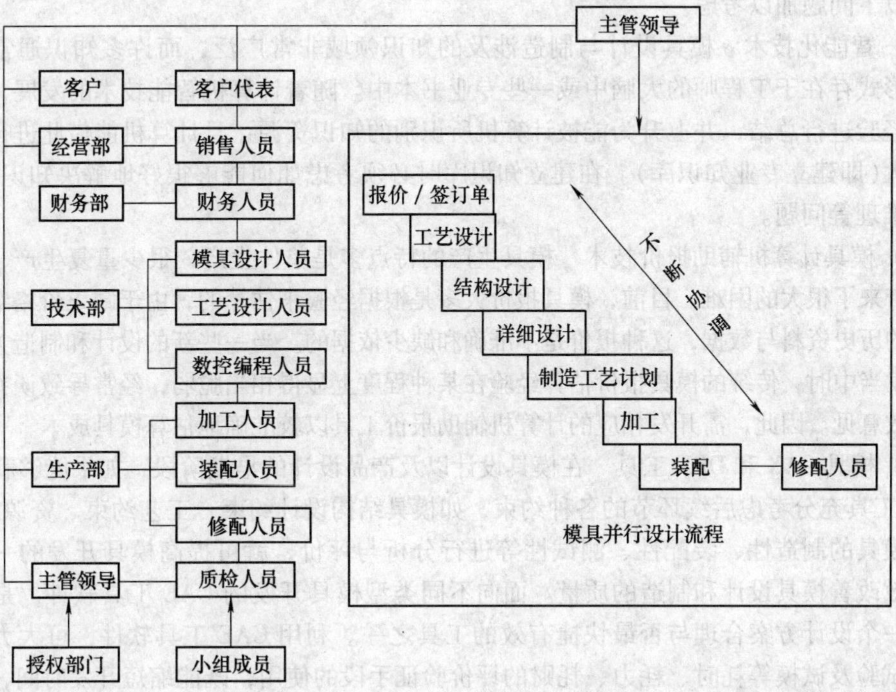

图 5-9 模具开发并行工程的组织结构

模具开发周期、降低模具成本、提高模具质量的目的。图 5-10 所示为模具开发并行工程系统的基本框架。

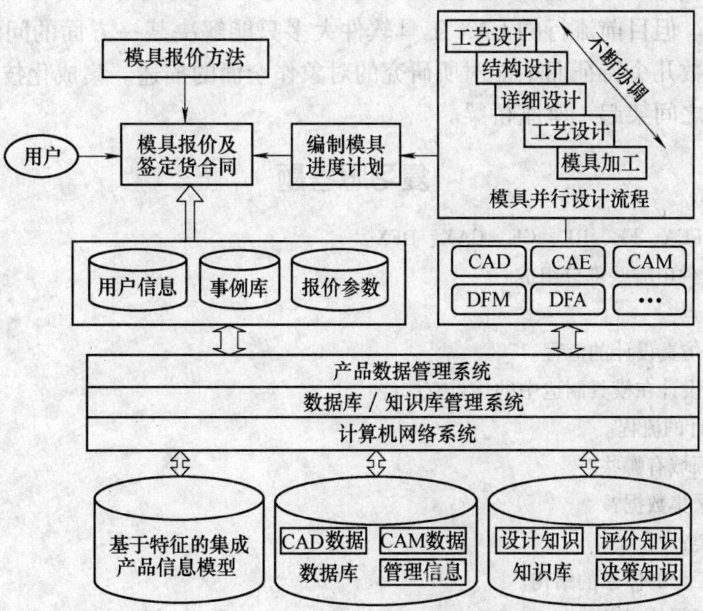

图 5-10 模具开发并行工程系统的基本框架

4. 实施模具开发并行工程时需考虑的问题

在模具开发中实施并行工程时，除了应具有一般并行工程方法与关键技术的特点外，还需要对以下问题加以考虑。

（1）智能化技术　模具设计与制造涉及的知识领域非常广泛，而许多知识通常都是以经验的形式存在于工程师的大脑中或一些专业书本中。随着计算机智能技术的发展，如果对有用的经验进行总结，并上升为能被计算机所识别的知识资源，且计算机能借此进行推理则意义更大(即建立专业知识库)。在建立知识库时必须考虑如何能够很好地解决知识的获取、表达及推理等问题。

（2）模具计算机辅助报价技术　模具生产的特点多是单件生产，很少重复生产，这给模具报价带来了很大的困难。目前，模具报价大多是根据经验来估算的，由于缺乏价格细目和可供参考的历史资料与数据，这种报价是不准确和缺少依据的。当一些新的设计和制造方法引入模具开发当中时，传统的模具报价估算经验在某种程度上显得相当脆弱，经常导致谈判时难以达成一致意见。因此，需开发相应的计算机辅助报价工具以较准确地估算模具成本。

（3）模具 CAX 和 DFX 工具　在模具设计以及产品设计的早期阶段，如果能够利用 CAX 和 DFX 工具充分考虑后续环节的各种约束，如模具结构设计约束、工艺约束、资源约束等，通过对模具的制造性、装配性、测试性等进行分析与评价，就可提高模具开发的一次成功率，有效改善模具设计和制造的质量。面向不同类型模具开发的 CAE 工具软件，是目前分析评价一个设计方案合理与否最快捷有效的工具之一。利用 CAE 工具软件，可大大减少物理模拟试验及试模等耗时、耗力、耗财的评价验证手段的使用，既能缩短开发时间，又能提高开发的一次成功率。

（4）集成化产品模型特征描述技术　目前比较流行的是基于特征的模型表示方法。这种表示方法的优点在于比较符合人们认识事物的方式，且抽象出来的模型比较易于用面向对象技术加以实现。模型特征包含有较丰富的内容，在实现时可将相应的特征作为对象的属性或方法加以描述。但目前流行的 CAX 工具软件大多只能解决某一方面的问题，其信息模型往往是只包含少数几个特征而不能对所研究的对象作全面的描述。集成化技术就是要在各类不同的工具软件之间架起一座座桥梁。

复习思考题

1. 名词解释：FEA、FE、RE、CE、CAX、DFX。
2. CAD 系统软件由哪些部分组成？
3. FEA 有何特点？
4. 简述计算机仿真设计的流程。
5. 计算机辅助设计在模具制造中的优点有哪些？
6. 简述 RE 设计的流程。
7. RE 的应用领域有哪些？
8. RE 中如何采集数据？
9. RE 如何分类？
10. 简述人机工程的体系的结构。
11. 谈谈人机工程的意义。
12. 谈谈并行工程的意义。
13. 并行工程的关键技术有哪些？
14. 谈谈并行工程在模具开发中的应用。

第六章　模具的表面处理技术

本章应知

1. 了解模具的表面光整技术、表面强化技术和表面改性技术的分类和发展。
2. 了解表面强化技术在大型模具中的应用。

本章应会

1. 掌握各种抛光技术的特点、操作要点以及应用。
2. 掌握化学气相沉积和物理气相沉积的区别、应用特点。

第一节　模具的表面光整加工技术

表面光整加工是指工件经过精加工后，从工件上累加或切除极薄的材料层，以降低工件表面粗糙度或强化其表面的加工方法。光整加工可以获得比一般机械加工更高的表面质量，其特点如下：

1）光整加工的加工余量小，一般只改善表面质量(降低表面粗糙度、消除划痕和毛刺等)，不影响加工精度。

2）光整加工是用细粒度的磨料对工件表面进行微量切削和挤压、划擦的过程，不需要很精确的成形运动，但需要保证磨具与工件加工表面之间具有尽量复杂的相对运动和较大的随机性接触，以使表面误差逐步均化直到消除，从而获得很高的表面质量。

3）光整加工时，磨具相对于工件没有确定的定位基准，一般不能修正加工表面的形状和位置误差，其加工精度是由先行工序保证的。

一、表面光整加工技术的分类

1. 机械抛光

机械抛光是指借助于高速旋转的抹有抛光膏(液)的抛光轮与零件磨石之间的磨削，以提高金属制件表面光亮度的机械加工过程。其原理是抛光轮高速旋转，金属表面与抛光轮摩擦产生高温，同时提高金属表面塑性，在抛光力的作用下金属表面产生塑性变形，凸起的部分被压入并流动，凹进部分被填平，使细微不平的表面进一步得到改善。在抛光过程中，光亮剂与被抛光金属发生化学反应，能够加快出光速度，机械抛光实际上是切削掉金属的氧化层，减薄量很小。操作时一般使用磨石条、羊毛轮、砂纸等工具，以手工操作为主，特殊零件如回转体表面，可使用转台等辅助工具。表面质量要求高的可采用超精研抛的方法，超精研抛是采用特制的磨具，在含有磨料的研抛液中，紧压在工件被加工表面上作高速旋转运动。利用该技术加工的表面其表面粗糙度可以达到 $R_a0.008\mu m$，是各种抛光方法中效果最好的，光学镜片模具常采用这种方法抛光。

2. 化学抛光

化学抛光是让材料浸在化学介质中，材料表面微观凸出的部分较凹下部分优先溶解，从而得到平滑面。这种方法的主要优点是不需要复杂设备，并且可以抛光形状复杂的工件，也可以同时抛光很多工件，工作效率高。化学抛光的核心问题是抛光液的配制，抛光得到的表面粗糙度一般为 $R_a10\mu m$。

3. 电化学抛光

电化学抛光即电解抛光，电解抛光的基本原理与化学抛光相同，即靠溶解材料表面微小凸出部分，来降低表面粗糙度值。与化学抛光相比，电解抛光可以消除阴极反应的影响，效果较好。电化学抛光过程分为两步：

（1）宏观整平　溶解产物向电解液中扩散，材料表面粗糙度下降，此时 $R_a>1\mu m$。

（2）微光平整　阳极极化，表面光亮度提高，抛光后可得表面粗糙度 $R_a<1\mu m$ 的表面。

4. 超声波抛光

将工件浸入磨料悬浮液中再一并置于超声波场，依靠超声波的振荡作用使磨料在工件表面磨削抛光。超声波加工宏观力小，不会引起工件变形，但工装制作及安装较困难。超声波加工可以与化学或电化学抛光方法结合进行，在溶液腐蚀、电解的基础上，再施加超声波振动搅拌溶液，使工件表面溶解产物脱离，使得工件表面附近的腐蚀或电解质均匀。同时，超声波还能够抑制腐蚀过程，有利于表面光亮化。

5. 流体抛光

流体抛光是依靠高速流动的液体及其携带的磨粒冲刷工件表面以达到抛光的目的。常用方法有磨料喷射加工、液体喷射加工和流体动力研磨等。流体动力研磨是由液压驱动，使携带磨粒的液体介质高速往复流过工件表面，液体介质主要采用在较低压力下流动性较好的特殊化合物（聚合物状物质）并掺上磨料制成，磨料可采用碳化硅粉末。

6. 磁研磨抛光

磁研磨抛光是利用磁性磨料在磁场作用下形成磨料刷对工件进行磨削加工。这种加工方法效率高、质量好，并且加工条件容易控制。工作条件好的情况下采用合适的磨料，被加工零件的表面粗糙度可以达到 $R_a0.1\mu m$。

二、表面光整加工技术的应用

1. 模具机械抛光技术的应用

一般来说，表面抛光只要求获得光亮的表面即可。但在塑料模具加工中所说的抛光却不仅仅要求获得光亮的表面，严格来说，模具的抛光应该称为镜面加工。它不仅对抛光本身有很高的要求，并且对表面平整度、光滑度以及几何精确度也有很高的标准。镜面加工的标准分为四级：$R_a0.008\mu m$、$R_a0.016\mu m$、$R_a0.032\mu m$、$R_a0.063\mu m$。由于电解抛光、流体抛光等方法很难精确控制零件的几何精确度，而化学抛光、超声波抛光、磁研磨抛光等方法的表面质量又达不到要求，所以精密模具的镜面加工还是以机械抛光为主。

（1）机械抛光基本程序　要想获得高质量的抛光效果，最重要的是要备有高质量的磨石、砂纸和钻石研磨膏等抛光工具和辅助品。而抛光程序的选择取决于前期加工后的表面状况，前期加工有机械加工、电火花加工、磨加工等。机械抛光的一般过程如下：

1）粗抛。经铣、电火花、磨等工艺后的表面可以选择转速在 35000～40000r/min 的旋转表面抛光机或超声波研磨机上进行抛光。常用的方法是利用直径 ϕ3mm、WA400#的轮子去除白色电火花层；然后是手工磨石研磨，条状磨石加煤油作为润滑剂或冷却剂，一般从180～1000#顺序使用，许多模具制造商为了节约时间而选择从400#开始。

2）半精抛。半精抛主要使用砂纸和煤油。砂纸从 400#到 1500#。但 1500#砂纸只能适用于淬硬的模具钢(硬度在52HRC以上的)，但不适用于预硬钢，因为这样可能会导致预硬钢件表面烧伤。

3）精抛。精抛主要使用钻石研磨膏。利用抛光布轮混合钻石研磨粉或研磨膏进行研磨，通常从9μm(1800#)到3μm(8000#)，即先用9μm的钻石研磨膏和抛光布轮除去半精抛留下的发状磨痕，再用粘毡和钻石研磨膏进行抛光。

（2）机械抛光的要点

1）用砂纸抛光应注意以下几点：

① 用砂纸抛光时应利用软的木棒或竹棒。在抛光圆面或球面时，使用软木棒可更好地配合圆面和球面的弧度。

② 换用不同型号的砂纸时，抛光方向应变换45°~90°，这样可以分辨出前一种型号砂纸抛光后留下的条纹阴影。在换不同型号砂纸之前，必须用100%纯棉花蘸取酒精之类的清洁液对抛光表面进行仔细的擦拭。

③ 为了避免擦伤和烧伤工件表面，在用1200#和1500#砂纸进行抛光时应加载一个轻载荷，并采用两步抛光法对表面进行抛光。不论用哪种型号的砂纸进行抛光时，都应沿两个不同方向进行两次抛光，且两个方向之间每次转动45°~90°.

2）用钻石研磨膏抛光应注意以下几点：

① 钻石研磨膏抛光应尽量在较轻的压力下进行，抛光预硬钢件或用细研磨膏抛光时更要注意。

② 使用钻石研磨膏抛光时，不仅要求工作表面洁净，操作者的双手也必须仔细清洁。

③ 每次抛光时间不应过长，时间越短，效果越好。如果抛光过程进行得过长将会造成“橘皮”和“点蚀”。

④ 应避免使用容易发热的抛光方法和工具，否则无法获得高质量的抛光效果。

⑤ 抛光完成后，为保证工件表面洁净和加工质量，首先应仔细去除所有研磨剂和润滑剂，随后在表面喷淋一层模具防锈涂层。这一点至关重要。

⑥ 灰尘、烟雾、头皮屑和口水沫都会影响高精密抛光的表面质量。为此，精度要求在1μm以上的抛光工艺必须在一个清洁的抛光室内进行，而更加精密的抛光则需要一个绝对洁净的空间。

（3）影响模具抛光质量的因素　由于机械抛光主要由人工完成，因此人为因素对抛光质量有着很重要的影响。除了这个因素，抛光质量还与模具材料、抛光前的表面状况、热处理工艺等有关。优质的钢材是获得良好抛光质量的前提条件。

1）硬度对抛光工艺的影响。硬度增高会增大研磨的困难，但抛光后的粗糙度增高。由于硬度的增高，要达到较高的粗糙度所需的抛光时间相应增长。同时硬度增高，抛光过度的可能性相应减少。零件硬度与研磨性能和抛光性能的关系如图6-1所示。

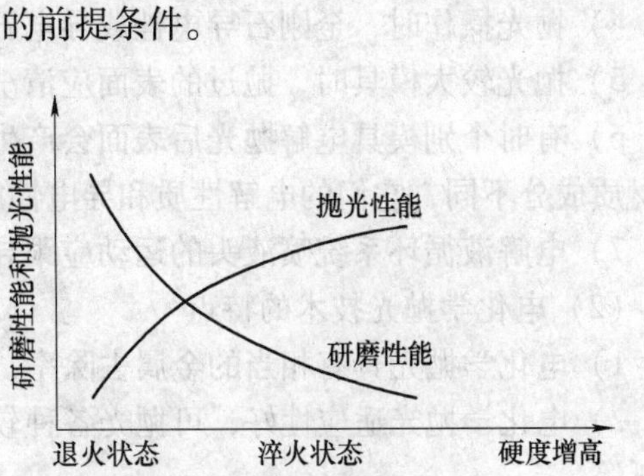

图6-1　零件硬度与研磨性能和抛光性能的关系图

2）工件表面状况对抛光工艺的影响。钢材在切削机械加工的破碎过程中，表层会因热量、内应力或其他因素而损坏，切削参数选择不当会影响加工后的工件表面质量，从而影响抛光效果。电火花加工后的表面比普通机械加工或热处理后的表面更难研磨，如电火花高温加工处理不当，受影响的最大深度可达0.4mm，而且产生的再硬化薄层的硬度比基体硬度高，很难去除。因此完成电火花加工前应采用细电火花程序，以避免表面形成再硬化薄层。对工件表面状况较差的表面，最好增加一道粗磨加工，彻底清除损坏的表面层以构成一片表面粗糙度均匀的金属面，为抛光加工提供一个良好的基础。

2. 模具电化学抛光技术的应用

电化学抛光是利用金属的电化学阳极溶解对表面进行修磨和抛光，其方法与电解磨削类似。其抛光原理如图6-2所示，导电抛光工具一般使用金刚石导电锉或导电石墨磨石，接到脉动电源的阴极；被抛光的工件(如模具)接到电源的阳极。

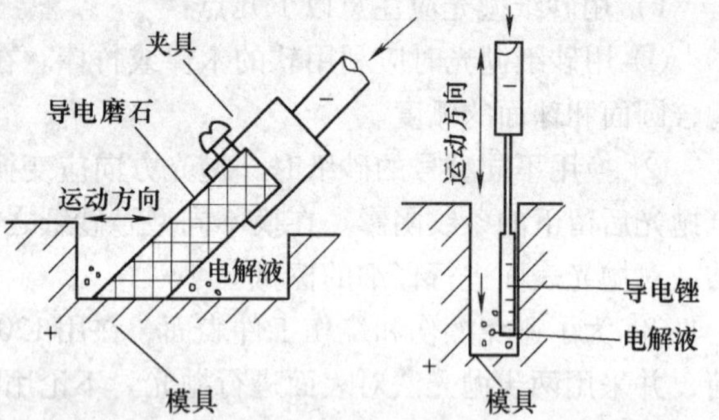

图6-2 “电化学——机械”修磨抛光原理

导电工具与被抛光金属表面接触进行锉磨，加工区域供给无害的安全电解液。模具表面就产生了电化学阳极溶解。表层的阳极膜和电解产物不断地被导电工具上的磨料刮除，使电化学溶解顺利地继续进行。此外，电修磨时伴随有微弱的火花放电和轻微的机械刮削声，因此电化学抛光结束后应再用电动抛光器加毡轮等，涂适量抛光膏(如绿油等)轻轻擦去黑膜即显现出光亮的金属表面。

(1) 电化学抛光的操作要点

1) 无液情况下导电锉与工件禁止通电接触，以免烧伤导电工具或工件。同时，还应禁止在严重缺液情况下进行抛光，以防产生氢爆。在发现缺液或电解液流量很小时，应及时疏通管道、清洗过滤网布等，洗去脏物后才能继续抛光。

2) 电修磨抛光只需轻轻接触作往复或弧圈状移动，切不可像机械打磨一样用力，以防刮出划痕或短路。

3) 人造金刚石导电锉的形状应与被抛工件基本相同。如果确实难以选中相符的导电锉，可使用导电石墨油石进行修整，使之与工件具有基本相同的形状。这样，导电锉夹紧在手柄上可很快地跟模具形状自然吻合，成为基本“万能”的工作头。也就是说石墨是“活”的可变工作头，可对任何复杂型腔进行抛光。

4) 抛光操作时，金刚石导电锉或导电石墨磨石一定要按规定接至脉动电源的负极。

5) 抛光较大模具时，抛过的表面应清洗擦干并涂一层防锈油脂进行保存。

6) 有时个别模具电解抛光后表面会产生一种似花纹状的假光面，这是由于工件或模具的材质成分不同，它们的电解性质和导电性能也不同而产生的。

7) 电解液循环系统喷液头的运动应跟导电锉同步，这样有利于液体正常自动地循环。

(2) 电化学抛光技术的特点

1) 电化学抛光具有相当的金属去除率，不受材料硬度和韧性的限制。

2) 电化学抛光适应性好，可抛光各种较复杂的型腔如沟槽、角部、窄缝以及不规则的圆弧等。

3) 电化学抛光可对模具起整平作用。电化学抛光可去除电脉冲和线切割加工所产生的表面高低不平的硬化层以及线切割的走丝纹路，从而获得无任何条纹的光亮表面。

4）电化学抛光的速度可调节，整个抛光过程都可掌握。

5）电解液自动循环、反复使用，操作点极易观察。

6）对大平面或圆形面的固定面抛光，可装在专用夹具上作往复或圆周运动，从而不用手工操作。

7）劳动强度低、工作效率高，模具制造周期短。

3. 模具流体抛光技术的应用

如图 6-3 所示，流体抛光机的工作原理是：将工件和抛光金刚粉末胶泥装入上下工作缸中，使工件的待抛光面与抛光胶泥处于密封状态下，并在流体抛光机的油压装置作用下，使得抛光胶泥在抛光的全过程中始终保持高压、高速度的状态，并以这种状态反复通过工件需抛光的表面与工装围成的间隙，从而抛光胶泥对工件表面进行磨削达到抛光的目的。由于抛光胶泥在高压作用下，可以像液体一样无孔不入，使工件表面的细小沟槽和孔隙都能得到抛光。既能充分抛光以达到产品表面的粗糙度要求，又能保证产品的尺寸公差和形位公差，这是传统抛光方法无法做到的。

下面以电动机转子精冲模凹模（图 6-4）为例讲解，其技术要求为：公差为 ±0.01mm、表面粗糙度值为 $R_a 0.1\mu m$。

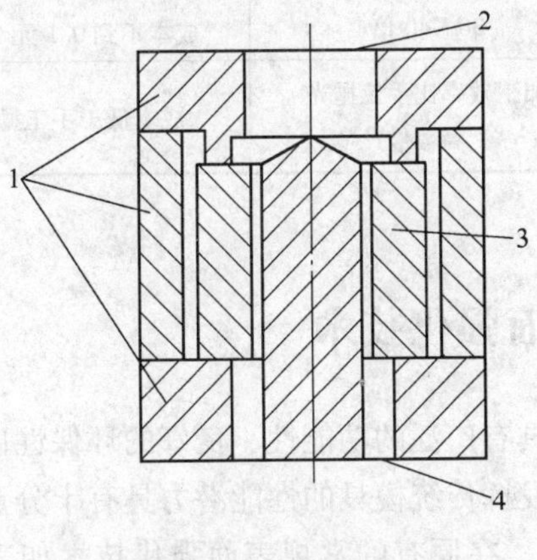

图 6-3　流体抛光的工装图

1—工装　2—抛光胶泥的入口

3—要抛光的产品　4—抛光胶泥出口

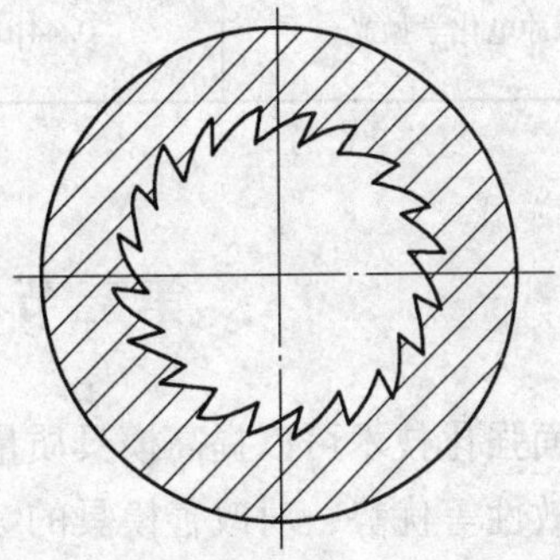

图 6-4　电动机转子零件的剖视图

这个凹模的型腔是用线切割加工出来的，需要通过抛光提高其表面粗糙度。如用传统的抛光手段，不仅耗时长达几个小时，而且内腔的尺寸精度、形状精度都难以保证。流体抛光机的流体抛光技术不仅可以保证内腔的尺寸和形状精度，而且工作效率高。

这种流体抛光技术目前只适用于加工模具的通孔、内型腔、小零件外部异型通槽等，而且被加工的工件不能太大。虽然流体抛光技术目前在应用范围上还有一定局限性，但是已经极大改善了抛光工艺。与传统抛光相比它的最大特点是能大幅度地提高异型产品及长孔产品的抛光效率和效果，也保证了大批量产品进行抛光的互换性。综上所述，流体抛光作为一种高效的抛光手段，必定会得到广泛的应用。

除以上介绍的几种抛光方法，模具表面光整方法还有很多，其目的就是将模具表面的光洁度与强度进一步提高，使得模具寿命和制造的产品表面粗糙度值达到预期的目的。现就其他表面抛光方法作一些简要的比较，见表6-1。

表6-1 几种抛光方法的简要比较

抛光类型	表面粗糙度值 R_a	加工效率	加工成本
手工抛光	100μm 左右	效率较低	从 R_a0.8μm 到镜面 成本为 0.5 元/cm^2 左右
超声抛光	1~0.1μm 以下	加工效率为手工抛光的 10 倍以上	从 R_a0.6μm 到镜面 成本不到 0.1 元/cm^2
混粉电火花大面积抛光	0.1μm 以下	加工效率为手工抛光的 10 倍以上	从 R_a0.6μm 到镜面 成本为 0.1 元/cm^2 左右
电子束抛光	0.01μm 以下	加工效率为手工抛光的 50~100 倍	加工到镜面的成本小于 0.05 元/cm^2
超声电火花复合抛光	0.08~0.16μm	加工效率为手工抛光的 40 倍以上	成本为 0.08 元/cm^2 左右
电解电火花复合抛光	0.08μm 以下	加工效率为手工抛光的 10 倍以上	成本低于手工抛光
超声电解复合抛光	0.5~0.05μm	加工效率为手工抛光的 30~40 倍	从 R_a0.6μm 到镜面 成本不到 0.1 元/cm^2
脉冲电化学抛光	0.44μm 左右	加工效率比手工抛光 高数倍	成本低于手工抛光

第二节 模具的表面强化技术

表面强化技术可以提高模具质量和使用寿命，具有广泛的功能性、良好的环保性以及巨大的增效性等优势，对改善模具的综合性能、充分发挥传统模具的性能潜力具有十分重要的意义。目前，随着表面强化技术的不断发展和完善，在原有的常规表面强化技术如表面淬火、化学热处理等的基础上，一大批实用、有效的表面强化技术相继得以开发和利用，促进了模具加工技术的发展。现就几种典型的表面强化技术作简要的介绍。

一、热喷涂技术

热喷涂技术是利用热源将喷涂材料加热至熔融状态，通过气流吹动使其雾化并高速喷射到零件表面，并在零件表面形成喷涂层的表面加工技术。目前，热喷涂技术在模具行业中主要应用的有火焰喷涂和等离子喷涂等。由于热喷涂层具有耐磨、耐蚀、抗咬合等性能，可为模具提供耐磨而坚韧的热喷涂厚涂层，因此特别适用于大型模具的表面强化以及严重磨损条件下的模具修复。

等离子喷涂技术是最常用的热喷涂技术之一，它是以氮、氩等惰性气体作为工作介质，在专用的喷枪内发生电离以形成热等离子，再将进入该等离子弧区的粉末状涂层材料熔融、雾化，并高速喷送到被涂工件表面以形成涂层。由于整个工艺集熔化、雾化、快淬、固结等过程为一体，且所获组织致密，结合牢固，因此在涂层技术中占主导地位。但等离子喷涂也存在缺点，如需要高纯气体、成本较高等。目前，除常压下气稳式喷涂工艺外，又发展出优点更为突出的低压等离子喷涂及液稳式喷涂工艺，并正逐步推广使用。

火焰喷涂技术与等离子喷涂技术相比，成本较为低廉，且操作简便，但结合的强度和密度相对较弱。近年来，通过对此项技术的发展和完善，目前已开发出性能更为优良的超音速火焰喷涂技术并投入了实际应用。如采用超音速喷涂硬质合金工艺可使 Cr12 不锈钢拉深模的修模频率从原来的 500 件 1 次提高到 7000 件 1 次，寿命提高了 3 ~ 8 倍，获得了十分可观的经济效益。

二、气相沉积技术

气相沉积技术是一种利用气态物质中发生的某些物理、化学过程，在基体表面形成具有某些特殊性能的金属或化合物涂层的技术。根据涂层形成的机理不同，气相沉积可分为化学气相沉积、物理气相沉积和等离子体化学气相沉积三大类。它们的共同特点是将具有特殊性能的稳定化合物如 TiC、TiN、TiCN、SiN 等直接沉积于金属工件表面，形成一层超硬覆盖膜，从而使工件具有高硬度、高耐磨性、高抗蚀性等一系列优异性能。

1. 化学气相沉积（CVD）

化学气相沉积是在高温条件下（800℃以上），混合气体在模具表面发生化学反应，并在模具表面生成一层薄的固相沉积物层。由于 CVD 法沉积温度高，涂层结合牢固，而且对形状复杂或带有沟槽及孔的工件可进行均匀涂覆，若加入 TiC 等涂层硬度相当高（可达 3000HV），而且耐磨性极好，具有很好的减摩性和抗咬合性，可大大提高模具的使用寿命。见表 6-2，常用模具若采用 CVD 法涂覆后会改善模具的使用寿命。但是由于 CVD 处理的温度较高，基体硬度会随之降低，同时处理后还需进行淬火处理，会产生较大变形，因此不适用于高精度的模具处理。

表 6-2　模具采用 CVD 法涂覆后对使用寿命的影响

模具种类	模具零件材料	涂层种类	寿命提高倍数
切边模	W6Mo5Cr4V2	TiN + TiC	8
弯曲工具	Cr12	TiN	8
弯曲模	Cr12MoV	TiC	8
深冲模	Cr12	TiC	10
冲模	Cr12MoV	TiC + TiN	8

2. 物理气相沉积（PVD）

物理气相沉积是利用热蒸发、溅射或辉光放电、弧光放电等物理过程，在基材表面沉积所需涂层的技术，主要包括真空蒸镀、离子镀、溅射镀膜三种基本技术。

目前，在模具的表面强化技术方面，阴极溅射法和离子镀方法应用较多。由于 PVD 法克服了 CVD 法沉积温度高、废气中含 HCl 等缺点，具有沉积温度低（通常小于 550℃），沉积层成分可以控制，工件几乎无变形及无公害等优点，因此适用于冷作模具，尤其是精度要求很高的冷作模具。但是，PVD 法也存在着自身的缺点如绕镀性比较差，不适合对有小孔、凹槽等复杂形状的模具进行处理，而且 PVD 设备成本较高，膜基结合强度比 CVD 的差。

3. 等离子体化学气相沉积（PCVD）

等离子体化学气相沉积是介于 CVD 和 PVD 之间的一种处理方法，它是借助于气体辉光放电产生的低温等离子体来增强反应物质的化学活性，促进气体间的化学反应，从而能在较低的温度下沉积出所需的涂层。由于其兼有 CVD 的良好绕镀性和 PVD 的低温成膜的优点，而且采用直流脉冲电源时零件上的小孔、凹槽也可均匀沉积优质镀层，因此 PCVD 法十分适用于形状复杂的精密模具(如密纹盘、激光盘等镜面模具)。在模具上用 PCVD 法涂覆 NiCN、TiCN、TiC、TiN 等，涂层结合力高，模具使用性能良好，使用寿命得到显著的提高，且模具的材料不会劣化，经济效益十分显著。PCVD 法将在今后的模具制造领域中有着巨大的应用前景。

三、高能表面强化处理技术

由于激光束、电子束、离子束等新型热源具有能量高、加热迅速、加热层薄、自励冷却、变形小、便于实现自动化等优点，大大促进了模具在表面强化方面的开发和应用。

1. 离子注入技术

离子注入技术是将注入元素的原子电离成离子，并在获得较高速度后射入放在真空靶室中的工件表面的一种表面处理技术。由于离子以很高的速度强行注入工件表面，所以不受基体金属的扩散速率以及固溶度的限制，而且离子注入后不仅不改变模具基体表面的几何尺寸，还能形成与基体材料完全结合的表面合金，并且不存在因明显的分界面而产生剥落的问题。同时由于大量离子的注入使模具基体表面产生明显的硬化效果，大大降低了摩擦因数，提高了模具表面的耐磨性、耐腐蚀性以及抗疲劳等多种性能。

近年来，离子注入技术在模具领域中如冲裁模、拉丝模、挤压模、拉深模、塑料模等方面得到了广泛应用，其平均寿命可提高 2 ~ 10 倍。目前，离子注入技术在运用中还存在着离子注入层较薄、小孔难处理、设备昂贵等不足之处，使其应用也受到一定的限制。

2. 激光表面强化技术

模具激光表面强化处理技术是采用高能量密度的激光束照射并加热的模具型面，当激光束移开时，由于模具自冷使被加热的部位得到淬火强化的技术。主要包括有表面淬火、熔凝、合金化、涂覆等技术。在模具表面强化中，激光表面淬火应用最为普遍。

与传统淬火方法相比，激光表面淬火是在急热急冷过程中进行的，温度梯度很大，从而在表面形成了一层硬度极高的特殊淬火组织。与常规淬火相比，硬度可提高 15%~20%，耐磨性提高 5 ~ 10 倍，淬硬层深度可达 0.1 ~ 3.5mm，大大延长了模具的使用寿命，而且强化后的模具表面变形小，基本上不需要加工就能直接装配使用，特别适用于形状复杂、精加工后不易采用其他方法强化的模具表面处理。

激光表面熔凝原理基本上与相变硬化比较类似，它是利用激光束对模具表面进行熔融和激冷处理，从而获得非常细小的组织，甚至可获得非晶态组织，因而表面强化性更高，对低碳钢、中碳钢、低合金工具钢等进行激光表面熔凝处理后，其表面性能几乎可与高强度模具钢相媲美。

激光表面合金化和表面涂覆则是以激光为热源，在模具表面涂上特定的合金粉材料，以足够的功率和扫描速度，使表面金属快速熔凝，以形成一层所需的合金熔化层来获取特殊的表面性能。采用该方法可获得深度为 10 ~ 1000μm 的高性能硬化层，且与基体的结合强度远高于 CVD 和 PVD，并可通过表面合金化替代合金而节省大量贵重稀有元素，因此在技术上和经济上都有着十分重要的意义。

激光表面强化处理技术存在强化面积小、相邻两个强化带之间存在回火软化现象等不足，因此需要大面积强化的模具的应用受到一定的限制。随着今后更大功率激光器的研制成功，模具的激光强化技术必将得到进一步的发展和应用。

四、化学镀技术

在模具制造领域中，目前化学镀技术研究和应用最为广泛的是化学镀镍磷合金工艺。由于镍磷合金镀层具有较高的硬度，在常温下 Ni-P 层的硬度大约为 300～600HV，经过 200～400℃的热处理后，硬度可达 600～1100HV，可使镀件具有相当高的耐磨能力。采用化学镀 Ni-P 层处理 Cr12MoV 拉深模可提高模具寿命 4 倍以上，具有良好的经济效益。

同时对于 Ni-P 合金镀层，低磷状态时以镍为基体的固溶体具有较强的耐蚀性能，当磷的质量分数超过 8% 时，其组织由结晶态向非晶态转化，最终形成均一的单相非晶组织，不存在晶界、位错和化学成分偏析等缺陷，具有较强的抗电化学腐蚀的作用，效果明显优于电镀硬铬层。另外，化学镀不存在尖端效应，对于不通孔、沟槽、螺纹等部位均可获得均匀的镀层，具有良好的仿型性，非常适合于形状复杂的模具表面处理。目前，随着化学镀技术的进一步完善和发展，一些性能更优、效果更好的新技术也不断产生并运用于实践中。

五、稀土元素表面强化技术

在模具表面强化技术中，稀土元素以其优良的性质对改善模具钢的表层组织结构和物理、化学及机械性能有着极大的优势。稀土元素的加入可明显提高渗透速度，同时还可消除分布在晶界上微量有害杂质的作用，从而起着强化和稳定晶界的作用。另外，稀土元素还可与钢中的 P、S、As、Sb、Pb 等低熔点有害杂质发生作用形成高熔点化合物，具有抑制这些杂质元素在晶界上偏聚，从而降低渗层的脆性，以及细化晶粒，使渗层组织致密，提高渗层与基体的结合力等多种复合功能。

目前，应用于表面强化技术的稀土主要是稀土化合物形式，如 La203、LaF3、CeF3、CeS2、Y203 及稀土硅铁等。较为成熟的稀土元素表面强化技术主要有稀土碳共渗、稀土碳氮共渗、稀土硼共渗、稀土硼铝共渗等技术，这些技术目前已广泛地应用于模具制造领域中，并获得显著的经济效益。

除此之外，在其他表面强化技术如喷涂、电沉积、化学沉积以及激光涂覆等方面，稀土元素的应用都具有明显的改善作用。因此，稀土元素应用于表面强化技术中将为今后对模具表面强化处理、延长模具使用寿命开辟了一条重要的新途径。

六、复合表面强化技术

复合表面强化处理具有单一工艺不能达到的复合性能和效果。目前此项技术的应用还不是很多，但其优良的使用效果以及经济性正逐渐被人们所认识和运用。例如 3Cr2W8V 热镦模经过气体碳氮共渗之后，再补充一次气体氮碳共渗，其表面抗塌陷性、耐蚀性以及抗粘附性都会明显地改善，使用寿命将提高 5 倍以上。又如，将低温氮碳共渗和化学镀技术两者结合起来，从而形成了一种新的钢表面低温复合强化途径，经该渗镀复合强化处理以后，模具的使用寿命比采用单一的氮碳共渗处理提高了 2～4 倍，效果十分显著。由此可见，复合表面强化技术也必将是今后模具表面强化处理的一个重要发展趋势，有待于进一步研发和推广。

随着现代科技的不断发展，表面强化技术以其高效、实用、环保等优势在模具制造领域显示出强大的发展潜力，它必将成为今后模具制造行业中一种非常重要的加工技术。而正确运用表面强化技术是提高模具使用寿命的行之有效的重要途径。因此在实践中必须结合各种表面强化工艺的特点和模具的工作条件及经济性等因素来综合考虑，才能达到延长模具寿命的效果，获取显著的经济效益。

第三节　模具表面喷丸强化工艺

喷丸强化工艺是一种有效的表面微动防护手段，它通过对零件表层实施冷挤压而使表层冷作硬化和产生残余压应力。冷作硬化使零件的强度有所提高，残余压应力则会消除工件因机械加工、热处理、焊接、激光切割、电镀或硬化涂层等原因形成的拉应力，晶粒晶格的畸形使零件在使用过程中不易产生裂纹扩展，从而能显著提高零件的抗疲劳强度、抗应力和抗腐蚀能力，延长零件的使用寿命。世界上第一台激光器诞生以后，随着对激光技术应用研究的深入和相关学科技术的发展，近年来人们开始用强激光诱导的高幅冲击波改善金属零件表面的力学性能，该技术称之为激光喷丸(简称LSP)或激光冲击。

一、机械喷丸

机械喷丸是指在压缩空气的推动下，形成高速运动的弹丸流不断地向零件的表面喷射，无数粒弹丸犹如一个个锤子不断地锤击零件表面，使得零件表面性质发生改变。这种工艺会使金属晶体发生晶粒破碎、晶格歪扭和高密度位错，在充裕的时间内，以冷加工的形式使工件表面金属材料发生塑性流动，造成重叠凹坑的塑性变形，在生成凹坑的过程中引起压应力并拉伸表面结构，这一变化过程被工件内部未受锤击的部分所阻挡，因此就在工件层表面和近表面形成残余的压应力。喷丸装置结构如图6-5所示。

1. 机械喷丸质量的表征及影响参数

影响机械喷丸强度的工艺参数主要有弹丸直径、弹流速度、弹丸流量、喷丸时间等。弹丸直径越大，速度越快，弹丸与工件碰撞的动量越大，喷丸的强度就越大。喷丸形成的残余压应力可以达到零件材料抗拉强度的60%，残余压应力层的深度通常可达0.25mm，最大极限值为1mm左右。喷丸强度需要一定的喷丸时间来保证，经过一定时间，喷丸强度达到饱和后，若再延长喷丸时间，强度也不再明显增加。在喷丸强度的阿尔曼试验中，喷丸强度的表征为试片变形的拱高，它与喷丸冲击时间的关系如图6-6所示。

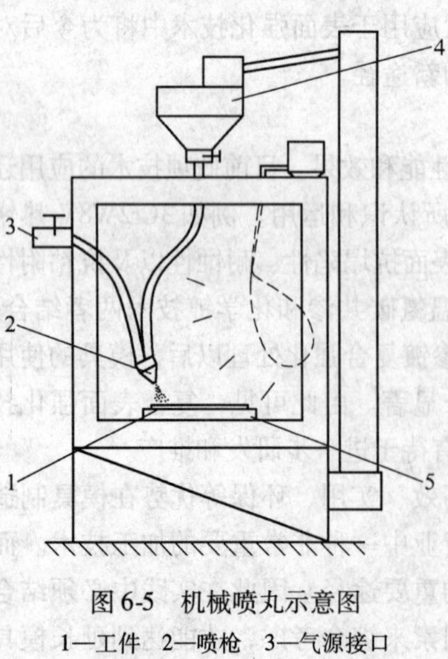

图6-5　机械喷丸示意图

1—工件　2—喷枪　3—气源接口

4—弹丸存贮器　5—滑动工作台

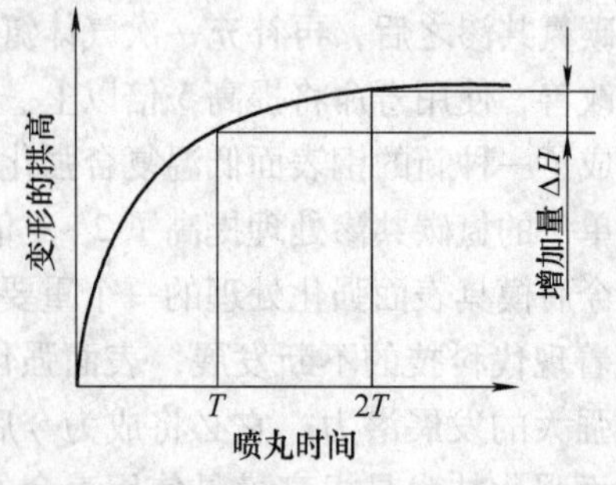

图6-6　试片变形的拱高与时间的关系

机械喷丸强化的效果和质量的表征指标主要有喷丸的强度、覆盖率和喷丸后零件的表面粗糙度值，每一项指标都受多项工艺参数的影响。

（1）对覆盖率的影响　影响覆盖率的因素有零件材料的硬度、弹丸直径、喷射角度和距离、喷丸时间等。在规定的喷丸强度条件下，零件的硬度低于或等于标准试片硬度时，覆盖率能达到100%；反之，覆盖率会下降。在相同的弹丸流量下，喷嘴与工件的距离越长、喷射的角度越小、弹丸直径越小，达到覆盖率要求的时间就越短。喷丸强化时，应选择大小合适的弹丸和喷射角度及距离，使喷丸强度和覆盖率同时达到要求值。

（2）对表面粗糙度的影响　影响表面粗糙度的因素有零件材料的强度和硬度、弹丸直径、喷射的角度和速度、零件的原始表面粗糙度等。在其他条件相同的情况下，零件材料的强度和表面硬度值越高，塑性变形就越困难、弹坑越浅，因而表面粗糙度值越小；弹丸的直径越小，速度越慢，弹坑就越浅，表面粗糙度值就变小；喷射的角度大，弹丸速度的法向分量越小，冲击力越小，弹坑就越浅，弹丸的切向速度越大，弹丸对表面的研磨作用就越大，表面粗糙度值就越小；原始表面越粗糙，喷丸后表面粗糙度值降低越小，相反，表面越光滑，喷丸后表面变得粗糙。

当对零件进行高强度的喷丸后，深的弹坑不但加大表面粗糙度值，还会形成较大的应力集中，严重削弱喷丸强化的效果。

2. 机械喷丸的特点及应用

机械喷丸强化工艺具有适应性较广、工艺简单、操作方便、生产成本低、经济效益好和强化效果明显等优势。随着计算机技术的发展，带有信息反馈监控的喷丸技术已在实际生产中得到应用，使零件强化后的质量得到进一步提高。

机械喷丸强化可以提高电镀零件的疲劳强度和结合力，各种合金钢经过任何一种电镀处理后，一般均会导致疲劳强度下降10%~60%，而喷丸强化则可有效提高疲劳强度，同时还可以增加电镀层的结合力，防止起泡。目前，喷丸强化不仅用于汽车工业领域的弹簧、连杆、曲轴、齿轮、摇臂、凸轮轴等承受交变载荷的部件，还广泛用于其他工业领域。

二、激光喷丸

激光喷丸是用超短脉冲的激光束代替有质弹丸，用它诱导的冲击波来强化金属零件的表面（图6-7）。

短脉冲的强激光透过透明约束层，作用于覆盖在金属板材表面的吸收层上，汽化后的蒸汽急剧吸收激光能量并形成等离子体而爆炸产生冲击波，因此引起在金属零件内部传播的应力波，当应力波峰值超过零件动态屈服强度极限时，板料表面就会发生塑性变形，同时由于表面的塑性变形使表层下发生的弹性变形层难以恢复，因此在表层产生残余压应力。

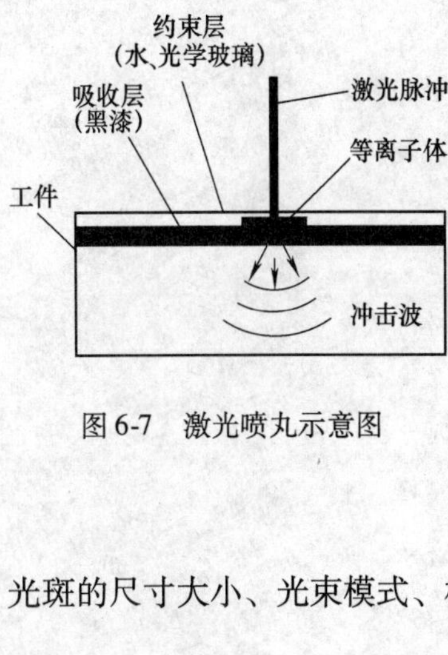

图6-7　激光喷丸示意图

约束层的作用是提高激光诱导的冲击波的压力峰值和延长对板料的作用时间；吸收层的作用是有效吸收激光，同时保护金属板料表面不被激光烧伤。

1. 影响激光喷丸质量的关键工艺参数

影响激光喷丸的关键工艺参数有脉冲宽度、脉冲能量、光斑的尺寸大小、光束模式、板料的力学性能、约束层的刚性和吸收层的厚度等。

2. 激光喷丸的特点及应用

激光喷丸强化和传统的机械喷丸强化相比具有鲜明的特点和更大的优势。

1）激光喷丸的光斑大小可调，可以对狭小的空间进行强化处理。例如可对微电机系统中微电机和开关的微米级金属零件进行激光喷丸，而传统机械喷丸由于受弹丸直径等因素的限制则无法进行。

2）激光脉冲参数和作用区域可以精确控制，参数具有可重复性，可在同一地方通过累积的形式多次喷丸，因而残余压应力的大小和压应力层的深度可精确控制。

3）与机械喷丸相比，激光喷丸形成的残余应力要大；同时激光喷丸形成的压应力层深度是机械喷丸的3~4倍。

4）激光喷丸使零件表面塑性变形形成的冲击坑深度仅为几个微米。光滑零件经激光喷丸表面强化后，基本不改变其表面粗糙度。

5）适用范围广，对碳钢、不锈钢、合金钢、可锻铸铁、球墨铸铁、铝合金、钛合金及镍基高温合金等材料均适用。不必像机械喷丸那样，对于不同材质和硬度的零件需更换和使用不同的弹丸，甚至有些材料不能采用机械喷丸强化。

激光喷丸强化是一种新技术。随着对激光器功率、脉宽、冲击波引起的应力波的波阵面形状等问题研究的深入和解决，尤其是较高激光脉冲重复率问题的解决，使激光喷丸强化走向实用化阶段，并已经用于汽车、船舶和军工等领域。

喷丸强化是改善金属材料表层物理力学性能最常用的方法之一，它能有效改善金属材料的强度、耐磨性和耐腐蚀性等，有效地提高金属材料的疲劳寿命，还可使那些通常不能进行热处理的材料达到较高的硬度。另外，喷丸技术还可以用来提高铝合金焊缝的强度。

复习思考题

1. 简述我国模具材料表面处理技术的发展趋势。
2. 简述表面光整技术的应用，并比较几种抛光的特点。
3. 简述模具典型表面强化的特点及其应用。
4. 简述机械喷丸的应用特点和基本方法。

附　录

附录 A　部分新型模具钢钢号、代号一览表

钢　号	代　号	主要研制或生产单位	主要用途
9Cr6W3Mo2V2	GM	华中科技大学、大冶钢厂	冷作模具
Cr8MoWV3Si	ER5	上海材料研究所	冷作模具
6Cr4W3Mo2VNb	65Nb	华中科技大学、大冶钢厂	冷作模具
7Cr7 Mo2V2Si	LD	上海材料研究所、本溪钢厂	冷作模具
5Cr4 Mo3SiMnVAl	012Al	华中科技大学、贵阳钢厂	冷、热作模具
6CrNiSiMnMoV	BD	华中科技大学、大冶钢厂	冷作模具
7CrSiMnMoV	CH-1	华中科技大学、首钢特钢公司	冷作模具
8Cr2MnWMoVS	8Cr2S	华中科技大学、首钢特钢公司	冷作模具、橡胶模具
7Mn15Cr2Al3V2WMo	7Mn15	北京钢铁研究院、首钢特钢公司	无磁冷作模具
5Cr4W5Mo2V	RM2	北京机电研究所、本溪钢厂	热作模具
3Cr3Mo3W2V	HM1	北京机电研究所、首钢特钢公司	热作模具
3Cr3Mo3VNb	HM3	北京机电研究所	热作模具
4Cr3Mo3W4VNb	GR	上海材料研究所	热作模具
6Cr4Mo3Ni2WV	CG-2	上海材料研究所	冷、热作模具
4Cr3Mo2NiVNbB	HD	华中科技大学	热作模具
2Cr3Mo2NiVSi	PH	华中科技大学	热作模具
4Cr3Mo2MnVNbB	Y4	上海材料研究所	热作模具
4Cr5Mo2MnVSi	Y10	上海材料研究所	热作模具
3Cr2Mo	P20	首钢特钢公司	橡胶模具
3Cr2Ni Mo	P4410	内蒙古第二机械制造总厂	橡胶模具
25CrNi3MoAl	—	华中科技大学	橡胶模具
5NiSCa	—	华中科技大学	橡胶模具
06Ni6CrMoVTiAl	06Ni	北京钢铁研究总院	橡胶模具
10Ni3MnCuaLMoS	PMS	上海材料研究所	橡胶模具
0Cr16Ni4Cu3Nb	PCR	上海材料研究所	橡胶模具
Y55CrNiMnMoV	SM1	上海钢铁研究所	橡胶模具
Y20CrNi3AlMnMo	SM2	上海钢铁研究所	橡胶模具
0Cr4NiMoV	LJ	华中科技大学	橡胶模具
4Cr5MoSiV	H11	引进钢种、太原钢厂等生产	热作模具
4Cr5MoSiV1	H13	引进钢种、太原钢厂等生产	热作模具
4Cr3Mo3SiV	H10	引进钢种	热作模具
4Cr5W2VSi	W2	引进钢种	热作模具
6W6Mo5Cr4V	6W6	引进钢种、首钢特钢公司	冷作模具

附录 B 我国与其他工业国家常用模具钢钢号对照表

中国 GB/T 1299—2000	国际标准化组织 ISO 495—1980(E)	美国 ASTM A6841—1984	日本 JIS G4404—1983	前苏联 ГОСТ 5950—1973	德国 NF 17350—1980	法国 NF A35-590—1978	英国 BS 4659—1971
Cr12	210Cr12	D3	SKD1	X12	X210Cr12	Z700C12	BD3
Cr12MoV			SKD11	X12MΦ	X165CrMo12		
Cr12Mo1V1	160CrMoV12	D2	SKD11		X155CrVMo121	Z160CDV12	BD2
9Mn2V	9MnV2	02				90MV8	BO2
CrWMn	95MnCrW1		SKS31	ХВГ	105WCr6	105WC13	
9CrWMn		01	SK53	9ХВГ	100MnCrW4	90MWCV5	BO1
6W6Mo5Cr4V		H42					
5CrMnMo				5ХГМ			
5CrNiMo	55NiCrMoV2	L6	5KT4	5ХНМ	55NICrMoV6	55NCDV7	
3Cr2W8V	30WCrV9	H21	SKD5	3Х2В8Φ		Z30WCV9	BH21
8Cr3				8Х3			
4Cr3Mo3SiV	30CrMoV3	H10	SKD7	3Х3М3Φ	X32CrMoV33	Z32DCV28	BH10
4Cr5MoSiV	35CrMoV5	H11	SKD6	4Х5МΦС	X38CrMoV51	Z38CDV5	BH11
4Cr5MoSiV1	40CrMoV5	H13	SKD61	4Х5МΦ1С	X40CrMoV51	Z40CDV5	BH13
4Cr5W2VSi				4Х5В2ΦС			
3Cr2Mo	35CrMo2	P20			40CrMnMo7		

参考文献

[1] 钟佩思，等．模具先进制造技术发展趋势综述[J]．模具制造，2005(3)．

[2] 季仁良．模具的电化学抛光的结构及操作技巧[J]．苏州模具工业，2003(2)．

[3] 白兰兰．模具的流体抛光技术[J]．模标商情，2005(6)．

[4] 许一德．工艺参数在气辅成型中的应用[J]．模具产业，2005(3)．

[5] 徐炜波．气辅注射成形产品及模具设计原则初探[J]．模具制造，2003(7)．

[6] 吴公明．推广模具标准化技术[J]．上海模具工业，2003(6)．

[7] 王建华，等．中国热流道技术的现状及面临的任务[J]．模标商情，2003(6)．

[8] 张兴权，等．代表性零件表面改性的喷丸强化技术[J]．机床与模具，2005(6)．

[9] 黄来铀．低熔点合金快速成型技术的应用和发展[J]．苏州模具工业，2003(2)．

[10] 张义信，等．基于 RP 的金属快速模具制造[J]．苏州模具工业，2003(10)．

[11] 冯荣元．模具激光强化处理技术[J]．模具制造，2006(11)．

[12] 蔡紫金．我国压铸业的现状及进展[J]．苏州模具工业，2006(4)．

[13] 李松江．模具制造技术与发展趋势[J]．模具制造，2006(7)．

[14] 翁史振，廖宏谊．“十一五”模具标准化工作要点[J]．模具工业，2006(3)．

[15] 林群爱．粉末合金及陶瓷成型技术[J]．机床与模具，2005(10)．

[16] 马瑞伍，肖小亭．电磁成型技术发展[J]．机床与模具，2005(10)．

[17] 许洪斌，李登波．模具表面抛光技术的研究与进展[J]．机床与模具，2006(4)．

[18] 温京玉．模具钢概况及其发展动向[J]．上海模具工业，2006(2)．

[19] 邱雄飞．塑料模具抛光方法[J]．模具技术，2003(5)．

[20] 夏巨湛，李志刚．中国模具设计大典[M]．南昌：江西科学技术出版社，2003.

[21] 邓明等．现代模具制造技术[M]．北京：化学工业出版社，2005.

[22] 陈勇．模具材料及表面处理[M]．北京：机械工业出版社，2003.

[23] 王智祥，林立杰．表面强化新技术在制造领域中的应用与进展[J]．苏州模具工业，2004(10)．

[24] 兰明．三坐标测量机在模具修复中的应用[J]．模具制造，2005(9)．

[25] 赵万生．电火花加工技术[M]．哈尔滨：哈尔滨工业大学出版社，2002.

[26] 张学仁．数控电火花线切割加工技术[M]．哈尔滨：哈尔滨工业大学出版社，2002.

[27] 杨江河，魏永良．现代模具制造技术[M]．北京：机械工业出版社，2006.

[28] 王敏杰，宋满仓．模具制造技术[M]．北京：电子工业出版社，2004.

[29] 董丽华，王东胜，佟锐．数控电火花加工实用技术[M]．北京：电子工业出版社，2006.

[30] 杨继全，徐国财．快速成形技术[M]．北京：化学工业出版社，2006.

[31] 莫健华．快速成形及快速制模[M]．北京：电子工业出版社，2006.

[32] 张国栋．三坐标测量机为模具保驾护航[J]．现代制造，2006(8)．